Vorwort

20 Bände "Sauers Naturführer" in 20 Jahren, das sollte Anlass sein für einen Rückblick: Die Idee zu dieser Buchreihe kam mir 1978, und sie war kein Geistesblitz. Ich hatte vielmehr gelesen, dass "Grzimeks Tierleben" in Deutschland über 80000 mal verkauft worden war. Ich rechnete nach: 15 Bände zu je 130 Mark mal 80 000, dazu eine englischsprachige Auflage und eine in mehreren Auflagen erschiene Lizenzausgabe beim **Deutschen Taschenbuch Verlag,** das machte sicher 20 Millionen Mark Umsatz: Der größte Bucherfolg des 20. Jahhunderts! Dabei schien mir Grzimeks Tierleben gar nicht so erfolgversprechend. Die Bände handelten meist von Tieren ferner Länder und waren kümmerlich illustriert. Der Riesenerfolg müsste sich wiederholen lassen - mit einem Tierleben", das sich auf die heimische Fauna beschränkte, wobei ich im Zeitalter des Jedermanntourismus die Tiere ganz Europas als "heimisch" ansah. Zudem sollte, weil das Lesen immer mehr durch das Anschauen ersetzt wurde, jedes vorgestellte Tier auch im Farbfoto abgebildet werden, und zwar auf der gleichen Seite wie der Text. Womöglich sollten sich 4 hochformatige Bilder und 4 Texte gegenüberstehen, und was im Bild zu sehen wäre, das müsste der Text nicht wiederholen. So hatten es die "Bunten Kosmos-Taschenführer" schon vorgemacht. 20 Bände sollten es werden mit je etwa 500 Fotos.
Ich machte mich an die Arbeit und habe seitdem bis heute, 1998, nichts anderes getan. Zunächst stellte ich meine Fotografie um. Zuvor wollte ich, als Schüler von Konrad Lorenz und angeregt durch die Schriften von Tinbergen, Eibl-Eibesfeldt und Hans Hass ausschließlich Verhaltensforschung mit der Kamera betreiben. Ich nannte das "dynamische Naturfotografie". Aber es war mir nur **eine** Entdeckung gelungen: Ich hatte fotografisch nachgewiesen, dass die Haare an den Beinen der Wasserspinne Schwimmhaare sind. Zieht die Spinne die Beine vor, so legen sich die Haare an, schlägt sie die Beine zurück, so spreizen sich die Haare ab und bilden ein breites Paddel.
Von nun an machte ich Bestimmungsfotos, die nichts weiter aussagen als: "So sieht das Tier aus". Ein Zufall hat es gefügt, dass ich in München lebe, nicht weit von der Zoologischen Staatssammlung entfernt, deren unerschöpfliche Bibliothek nun mein zweiter Arbeitsplatz wurde; denn ich musste die fotografierten Tiere ja noch bestimmen. Wenn man das Tier in der Hand hat, ist das nicht schwierig, aber ich sträube mich bis heute dagegen, die Tiere, die ich fotografieren durfte, anschließend zu töten. Ich habe sie in der Natur gelassen. Bestimmen nach Fotos ist aber extrem schwierig und immer dann unmöglich, wenn die im Buch aufgeführten Bestimmungsmerkmale nicht auf dem Foto zu sehen sind.
Mein Werk sollte heißen "**Fauna Europa, das große Lexikon der Tierbestimmung**". Als die beiden ersten Bände geschrieben waren, galt es, einen Verlag für mein Werk zu suchen. In fand auch bald einen literarischen Agenten, den ich mit der Suche beauftragte - er hieß Gunter Steinbach.

Etwa 3 Jahre später erschienen bei Bertelsmann die ersten 4 Bände von "Steinbachs Naturführer", wobei von Steinbach selber in den Bänden kaum mehr zu finden war als eine Seite Vorwort. Steinbachs Naturführer wurden der vorhergesagte Millionenerfolg: Ursprünglich auf 20 Bände mit je etwa 500 Fotos angelegt, wurden es insgesamt etwa 36, fast alle erschienen in zahlreichen Ausgaben und Auflagen und wurden in fast alle Sprachen Europas übersetzt. Sie sind auch heute noch im Handel. Steinbach war nun die "erste Adresse" für die Herausgabe von Naturbüchern in Deutschland und ließ sich auf einem Bauernhof im Allgäu nieder. Ich hatte mit dem Werk nichts zu tun, sah mich jetzt aber aller Chancen beraubt, einen Verlag für meine "Fauna Europa" zu finden. So taufte ich meine Serie um in "Sauers Naturführer" und ließ sie auf eigene Kosten drucken. 1982, etwa zeitgleich mit den ersten Bänden von Steinbachs Naturführer erschienen meine beiden ersten Bände und von da an etwa einer pro Jahr. Alles besorgte ich selber, von der Fotografie bis zum Weg zum Briefkasten mit den verkauften Büchern. Ich nannte meinen Verlag "Fauna-Verlag" nach der Zeitschrift "Fauna", die es damals gab. Heute existiert noch ein zweiter Fauna-Verlag, aber der verlegt Reisenaturführer.

1985 übertrug ich die Auslieferung meiner Bücher auf den V-Diaverlag in Heidelberg. Von nun an hatte ich es viel leichter: Ich ließ die Bücher vom Buchbinder gleich nach Heidelberg liefern, und einmal im Monat kam ein Scheck. Das änderte sich aber schon ein Jahr später: Der V-Diaverlag teilte mir mit, die gesamte Buchauslieferung werde ab sofort der Hirth-Reger-Verlag in Stuttgart übernehmen. Ich rief bei diesem Verlag an, bekam aber nur die Antwort, man habe einen Vertrag mit dem V-Diaverlag und nicht mit mir, man habe nichts mit mir zu tun und werde mir auch keine weitere Auskunft geben. Von nun an blieb der Scheck aus. Wenig später verschwanden der V-Diaverlag und auch der Hirth-Reger-Verlag von der Bildfläche. Der erste hatte liquidiert, der zweite war in Konkurs gegangen. Ich hatte aber alle meine Bücher verloren, nur die Druckplatten waren mir geblieben. Davon ließ ich neue Bücher drucken, und so hat mein Fauna-Verlag überlebt. Seither geht wieder jedes Buch, das ich verkaufe, durch meine Hände.

Ich habe mir vorgenommen, alle Bände lieferbar zu halten, auch wenn das kaufmännisch sinnlos ist. Ich bin stolz auf meine Naturführer, habe ich doch dazu beigetragen, daß Deutschland auf dem Gebiet der Fotonaturführer mit weitem Abstand führend in der Welt ist. Ich bin über die Arbeit alt geworden, aber solange ich noch aufrecht sitzen kann, will ich an meinen Bänden weiterarbeiten. Der heutige Band soll heißen : Bauwerke der Tiere.

Ich danke allen Helfern, vor allem meinem Bruder Lothar, der in allen Bänden für guten Stil und gute Rechtschreibung gesorgt hat, und Herrn Jörg Wunderlich, der viele Spinnen bestimmt und den Text des Spinnenbuches fehlerlos gemacht hat. Ich danke Herrn Christoph Kappel, Bertram Münker und Eugen Scheible, die mich auf einigen Fotoreisen begleitet haben, und Herrn Dieter Frank, der mir sein großes Bildarvchiv geöffnet hat.

Bauwerke der Tiere

Thema dieses Bandes sind nicht Dinge wie Körperbau oder Knochenbau. Sie wären ein weites Feld mit vielen Meisterwerken der Schöpfung. Hierher gehören die Gehäuse der Radiolarien und Foraminiferen, die Panzer und Skelette von Seeigeln und Seesternen, die Hartteile der Schwämme und Seegurken, die Bauwerke der Korallenpolypen und anderes mehr. In diesem Buch beschränke ich mich auf Bauwerke, die der Erbauer verlassen kann, die also nicht mit ihm verwachsen sind.
Keine Einschränkungen mache ich in der Wahl der Werkzeuge. Bauwerke, die mit Zähnen und Krallen erbaut sind, wurden ebenso aufgenommen wie von Drüsen ausgeschiedene Gehäuse und Pflanzengallen, bei denen der tierische Architekt der Pflanze die Bauanleitung liefert, während die Pflanze die Bauausführung übernimmt. Der Zweck der Bauwerke hat mich nicht interessiert. Ich zeige auch Zweckloses wie Fraßspuren und sogar Kotballen, wobei der Übergang zu den Tierspuren fließend ist. Weiter war mir nicht wichtig, ob der Baumeister Baustoffe zusammenfügt zu einem Bauwerk, das sich über den Untergrund erhebt, oder ob er etwas wegnimmt und damit sein Bauwerk in den Untergrund eingräbt. Und schließlich wurden auch gestaltete Flächen aufgenommen, die man eher als Gemälde der Tiere bezeichnen könnte. Immer aber war mir wichtig, dass sich in den Bauwerken etwas Schönheit findet. Ich hätte den Band auch "Kunstwerke der Tiere" nennen können.
Die Schöpfer mancher Bauwerke sind uns unbekannt, da noch niemand sie bei der Arbeit gesehen hat. Das gilt vor allem für Bauwerke im Dienst der Brutfürsorge, die in einer Nacht im Verborgenen errichtet, mit Eiern beschickt und dann verlassen werden; es gilt aber auch für manche Wohngehäuse, die von Raupen aus Blättern ausgeschnitten und dann zusammengesponnen werden. Da gibt es sogar in der heimischen Natur Neues zu entdecken und viel mehr noch am Meeresgrund, wo die Taucher nur für kurze Zeit als Gäste erscheinen können. Auch bei der Bautechnik gibt es noch offene Fragen und dazu, wie die Insassen, wenn die Zeit gekommen ist, aus ihrem oft fest gefügten Bauwerk herauskommen.
Es gibt auch tierische Baumeister, die gar kein bleibendes Bauwerk errichten und doch durch ihre große Zahl die Landschaft gestalten. Hierher gehören die Regenwürmer, die sich durch den Boden fressen und dabei die Erde aus der Tiefe zur Oberfläche schaffen. Sie versenken Gegenstände, die auf der Erde liegen, im Lauf der Jahre im Erdboden. Ähnlich bringen die schlammfressenden Wassertiere am Meeresgrund und die Termiten in den Tropen das Untere nach oben.
Nicht behandelt sind in diesem Band die Vogelnester, denn dazu gibt es einen eigenen Band in dieser Reihe.

Die meisten Bauwerke von Tieren sind reine Zweckbauten mit dem Ziel, die Überlebens-Chancen für sich oder für die Nachkommen zu erhöhen. Trotzdem sind manche Bauten von großer Schönheit, und niemand weiß, warum das so ist. Vielleicht ist es nur "billiger" schön zu bauen. So sind die regelmäßigen Waben der Bienen und Wespen das Ergebnis sparsamsten Umgangs mit Baumaterial und Bauzeit. Manche Bauwerke scheinen uns aber so schön und überflüssig wie die Mode.
Oft wurden Bauwerke, die die gleiche Aufgabe haben, von sehr verschiedenen Tieren erfunden, etwa die Köcher von Würmern, Raupen, Mückenlarven und Köcherfliegen. Andererseits zeigen die Bauwerke nahe verwandter Tiere arttypische Eigenheiten, so dass sie mitunter allein zum Bestimmen der Tiere ausreichen.
In der Reihenfolge der Bilder bin ich dem Zoologischen System gefolgt, wie es in den meisten Lehrbüchern abgehandelt wird. Es beginnt mit den Einzellern und endet mit den Säugetieren, die auf dem Gebiet der Baukust mit wenigen Ausnahmen nichts zu bieten haben. Kümmerlich sind auch die Bauleistungen der Stachelhäuter, der Mollusken, der Reptilien, der Krebse; Spitzenleistungen zeigen die Vögel, die Insekten und die Spinnen.
Man kann die Bauwerke der Tiere aber auch nach anderen Regeln ordnen, etwa nach dem Baumaterial oder dem Bauzweck, und das soll hier in der Einleitung geschehen.

Bauten im Dienst des Nahrungserwerbs

Hierher gehören Fangnetze und Fallen, aber auch Vorratsspeicher, Nutzviehställe und Gewächshäuser. Besonders fantasiereich waren die Spinnen. Sie erfanden Leimfallen, Stolperdrähte, Signalfäden, Watnetze, Fußangeln, Wurfnetze und Fesseln. Aber auch bei manchen Köcherfliegenlarven, Zuckmückenlarven, Meereswürmern und Meeresschnecken sind Fangnetze im Gebrauch.
In Fallgruben lauern die Ameisenlöwen, aber wie so oft wurde auch diese Entdeckung mehrmals gemacht: Auch der zu den Mückenlarven gehörende Wurmlöwe lauert am Grund einer Fanggrube.
Vorratsspeicher der einfachsten Art findet man in Zeiten der Fülle in den Netzen mancher Kreuzspinnen, die die überzählige Beute, in einem Seidenknäuel verpackt, am Netzrand aufhängen. Unterirdische Vorratsspeicher finden sich bei vielen Nagetieren, von denen der Hamster sprichwörtlich geworden ist. In ärmeren Zeiten haben die Bauern die Bauten der Hamster aufgegraben und manchmal 15 und sogar mehr Kilo Getreide herausgeholt. Aber auch unsere Hausmaus hat noch Hamstertalent. Ihre südosteuropäische Rasse lebt abseits menschlicher Siedlungen in Steppen und Feldern und wird als Ährenmaus bezeichnet. Sie trägt im Herbst mehrere Kilo Getreide auf einem Haufen zusammen und deckt ihn mit Erde zu wie der Bauer im Herbst eine Rübenmiete zudeckt. Eine Frischfleischreserve kann der Maulwurf in seinen Gängen speichern in Form von Regenwürmern, denen er das Vorderende abbeißt. Die verstümmelten Würmer leben

weiter, können aber nicht eher davonkriechen, als bis ihr Vorderende wieder nachgewachsen ist.
Für die Vögel müsste das Anlegen von Vorräten besonders wichtig sein, weil sie nur so viel Fett ansetzen können, wie es für das Fliegen unschädlich ist. Tatsächlich legen aber nur wenige Vögel Vorräte an. Eulen lagern Beute in ihren Höhlen, Kleiber und Meisen verstecken Samen in Rindenritzen, und der Eichelhäher verschluckt ein Dutzend Eicheln, hackt am Boden mit dem Schnabel ein Loch, legt eine Eichel hinein und drückt das Loch wieder zu.
Vorräte für den späteren Verzehr tragen auch die Pillendreher und Mistkäfer ein, wobei es vor allem darum geht, das verderbliche Gut vor der Austrocknung zu bewahren. Die größten Vorratsspeicher der Insekten finden sich aber bei den Ernteameisen.
Tierställe findet man bei Ameisen, die sich des Blattlaushonigs bedienen. Die Wurzelläuse leben an freigelegten Wurzeln, die Stengelläuse werden gewöhnlich von einer Wächterschar bewacht und zuweilen auch unter einem aus Erdkrumen gebauten Dach geborgen, das allerdings einem Regenguss nicht widersteht. Pilzzüchter sind die Blattschneiderameisen und viele Termiten, wobei nicht nur die unterirdischen Gewölbe beeindrucken, sondern auch der geschickte Umgang mit den empfindlichen Pilzen.
Zur Baukunst der Tiere gehört auch die Kunst des Straßenbaus, wobei die Straßen meist Nest und Nahrungsrevier verbinden. Solche Straßen erleichtern einmal den Transport von Gütern zum Nest. können aber auch als Wanderwege dienen. So waren die Savannen Afrikas einst durchzogen von den Straßen der Wildtiere. Bekannte Straßenbauer sind die Ameisen. Bei manchen tropischen Arten sind die Straßen zur Hauptverkehrszeit flankiert von "Soldaten" mit aufgesperrten Kiefern, andere Ameisenstraßen sind als Hohlwege in den Boden eingesenkt, von Erdwällen begrenzt oder tunnelartig überdacht. Es gibt auch Ameisenstraßen mit 2 "Fahrspuren" für Hin- und Rückweg. Noch raffinierter gebaut sind die Straßen der Termiten: Vielfach sind sie tief im Erdreich als Tunnels angelegt, mancherorts winden sie sich auch, in Unebenheiten der Rinde eingefügt und mit Lehm überdacht, an Bäumen bis hinauf in die Wipfelregion. In ihnen fließen die Arbeitstermiten in langen Bändern, oft auch in mehreren Reihen nebeneinander dahin.

Bauten im Dienst der Paarung

Vor allem bei den Vögeln, wo sich Balz und Nestbau zeitlich überlappen, sind Nestbauhandlungen in das Balzritual eingegangen, etwa das Aufheben und Vorzeigen von Nistmaterial, wie man es bei Finken, Tauchern, Kranichen und vielen weiteren Vögeln sieht. Balzende Bodenbrüter formen demonstrativ einige Nestmulden. Solche Balzhandlungen haben symbolischen Charakter, es wird nichts gebaut, aber das Männchen deutet an, dass es ein treusorgender Familienvater sein wird. Balzende Zaunkönige, Beutelmeisen und

Webervögel bauen vorläufige Balznester, die aber zu stabilen und ausgepolsterten Brutnestern ausgebaut werden, wenn sich ein Weibchen dazu findet. Reine Balznester von eigenartiger Schönheit und Verspieltheit bauen die Laubenvögel der australischen Region.
Balzbauten zeigen weithin, dass da ein paarungsbereites Männchen wartet. Solche Balzbauten gibt es auch bei wirbellosen Tieren. Die Reiterkrabbenmännchen an den Sandstränden des Indischen Ozeans türmen aus Sand spannenhohe Kegel auf, die zugleich Revieranspruch und Paarungsbereitschaft signalisieren. Es sind kurzlebige Bauten, denn die nächste Flut ebnet sie wieder ein. Die Männchen der Raubspinnen und ganz ähnlich mancher Tanzfliegen nähern sich dem Weibchen mit einer eingesponnenen Beute, die dann vom Weibchen während der Begattung wirklich ausgesaugt wird. Bei einer Tanzfliegenart hat der Akt nur noch symbolische Bedeutung: Die Männchen tragen beim Balzflug lediglich ein Gespinstflöckchen, das in der Sonne aufleuchtet.
Es gibt aber auch reine Zweckbauten, die der Begattung dienen. So müssen sich die Taucher aus schwimmenden Pflanzenteilen eine Begattungsplattform bauen, weil sie sich nicht wie die Entenvögel auf dem Wasser begatten können. Spinnenmännchen müssen, ehe sie begattungsfähig sind, ein sogenanntes Spermanetz weben und darauf einen Samentropfen absetzen. Anschließend saugen sie den Samen in ihre Taster auf und machen sich dann erst auf die Suche nach einem Weibchen. Manche Spinnen "fesseln" auch ihr Weibchen vor der Begattung mit Spinnenseide, heute ein reines Balzritual, aber da manche nicht paarungsbereite Spinnenweibchen in einem Männchen nichts weiter sehen als Futter, mag die Fesselung früher für das Männchen lebenserhaltend gewesen sein.

Bauten zum Schutz vor Feinden

Bauten dieser Art dienen oft nur der Tarnung, sie können aber auch so fest gebaut sein, dass der Angreifer sie nicht aufbrechen kann. Sie können den Angegriffenen auch so sperrig machen, dass reine Schlinger vor einer so sperrigen Beute aufgeben. Viele Schutzbauten werden als Waffen der Verteidigung ständig getragen. Sie müssen dann transportabel sein für jene Eigentümer, die auf der Nahrungssuche umherwandern, sie können aber auch an der Unterlage befestigt oder in den Untergrund eingelassen sein bei Tieren, die ihre Nahrung aus dem vorbeistömenden Wasser herausfiltern. Bei netzbauenden Spinnen kennt man Ähnliches, nur dass hier das Bauwerk aus dem notwendigerweise offen liegenden Fangnetz und einer angebauten Schutzhütte besteht.
Auch Schutzbauten, die nur vorübergehenden Schutz bieten, haben einen Sinn. Sie werden von den Tieren aufgesucht in Zeiten der Ruhe und müssen zur Suche nach Nahrung, Paarungspartner oder Eiablageplatz verlassen werden. In solchen Fällen muss das Tier natürlich wissen, wo sein Schutzbau liegt, und es muss auch den kürzesten Weg dorthin kennen. Die Erdbauten der Feldmäuse und ihr

Straßennetz sind ein Beispiel für diesen Bautyp. Zu den Schutznestern gehören auch die Schlafnester der Schimpansen, die allabendlich aus abgebrochenen Zweigen neu gebaut werden. Sie bieten aber keinen absoluten Schutz, denn es kommt vor, dass ein Schimpanse im Schlaf aus seinem Nest fällt und dabei zu Tode kommt.

Bauten zum Kälteschutz

Solche Bauten sind besonders wichtig für warmblütige Tiere, denn die müssen heizen, und das kostet wertvolle Energie, und zwar nach den Gesetzen der Physik um so mehr, je kleiner die Tiere sind. So ist der Feldhase das kleinste Säugetier, das den mitteleuropäischen Winter schutzlos überstehen kann. Kleinere Tiere können das nur, indem sie sich kuschelige warme Nester bauen, in die sie von Zeit zu Zeit zum Aufwärmen zurückkehren. Die Winterkobel der Eichhörnchen sind besonders dickwandig und innen mit fein zerfasertem Heu gepolstert, und ganz ähnlich sehen die Mäusenester aus, die zudem noch in der Erde unter dem Frosthorizont angelegt sind.
Erstaunlich wenig tun die Vögel, um eisige Winternächte zu überstehen. Meisen übernachten in Höhlen, Zaunkönige drängen sich in ihren Nestern zusammen und wärmen sich gegenseitig, aber die meisten Vögel übernachten einfach auf einem Zweig und müssen in Winternächten ihre "Heizung" voll "aufdrehen". Am Morgen sind sie dann schwer abgemagert, und die Energiereserven reichen gerade noch bis zum Mittag. Wenn sie bis dahin nicht genug Futter finden, müssen sie verhungern, und das ist genauer besehen erfrieren aus Mangel an Brennstoff.
Wechselwarme Tiere brauchen für sich selber keinen Wärmeschutz, denn sie heizen nicht. Sie können trotzdem "frieren", wie man daran erkennt, dass sie sich bei freier Wahl an jenen Ort begeben, wo sie ihre Vorzugstemperatur antreffen. Wenn wechselwarme Tiere mit der Umgebung abkühlen, so verlangsamen sich alle ihre Stoffwechselprozesse, und das ist ungünstig, denn wie in der Volkswirtschaft hat auch in der "Marktwirtschaft" der Natur der Langsamere Nachteile bei der Jagd ums Überleben. Darum kennen die sozialen Insekten der kühleren Erdzonen durchaus den Wärmeschutz. Hummel- und Bienennester sind immer an geschützten Orten angelegt und oft auch mit einer Wachswand gegen rauhe Winde abgeschirmt. Die großen Wespennester sind so dickwandig, dass sie auch hohen Ansprüchen an die Wärmedämmung genügen. So kann im Inneren die Temperatur 10 und mehr Grad über der Außentemperatur liegen. Auch die großen Ameisenhügel bieten den Insassen einen guten Wärmeschutz. Im Übrigen sind die Nester der sozialen Insekten Vielzweckbauten: Sie dienen dem Schutz vor Feinden, dem Schutz der Nachkommen und zusätzlich dem Schutz vor Auskühlung. Wie wichtig der letzte Punkt ist, sieht man daran, wie genau die Insassen die Temperatur im Nest auf dem optimalen Wert halten. Die Bienen

halten die Temperatur auf Zehntelgrade genau bei 35 Grad, also erstaunlich nahe bei jenen 37 Grad, die die Säugetiere als optimale Körpertemperatur herausgefunden haben.

Bauten zum Schutz der Nachkommen

Die Jungtiere bedürfen mehr als die Erwachsenen des Schutzes; darum erreicht die Baukunst de Tiere bei den Schutzbauten für die Nachkommen ihre höchste Blüte. Erinnert sei hier nur an die Vogelnester, denen ein eigener Band in dieser Reihe gewidmet ist. Schutzbauten werden nicht nur von den Eltern für ihre Nachkommen errichtet, sondern häufig fertigen sich die Nachkommen ihre eigenen Schutzbauten, etwa die Larven der Köcherfliegen. Bei der Suche nach Paarungspartner und Eiablageplatz wären die Köcher aber hinderlich, daher werden sie von den erwachsenen Tieren verlassen. Bei den Sackträgern bleibt nur der für die Fortpflanzung wichtigere Elternteil, das Weibchen, im Köcher. Die Männchen dagegen, weniger wertvoll, weil eines mehrere Weibchen begatten kann, verlassen den Köcher und besuchen die geschützten Weibchen. Auch die rätselhaften Gallen, von Pflanzen für ihre Parasiten errichtet, sind den Jungendformen vorbehalten. Spätestens nach Ende der Puppenruhe begibt sich der Gallerzeuger außer Haus.
Ein guter Baustoff für schützende Hüllen ist der Schaum, obwohl man das nicht erwarten würde. Schaumnester finden sich jedenfalls bei tropischen Fröschen, Fischen und, von den Larven gebaut, bei Schaumzikaden. Schaumnester sind sehr vergängliche Bauwerke. Bei den Fröschen müssen sie auch nur einige Tage halten, und die Schaumnester der Zikadenlarven werden ständig durch Ausscheiden von Seifenflüssigkeit und Einblasen von Luft repariert. Darum sind sie auch nicht transportabel und taugen nur solange, wie die Larve ihre Nahrung an Ort und Stelle findet. Wenn es darum geht, den Paarungspartner zu finden, wird das Schaummnest verlassen. Die Larven der Schaumnestfrösche wandern aus, sobald sie ihren Dottervorrat aufgezehrt haben, und das geht im Tropenklima äußerst schnell. Darum vielleicht gibt es in den gemäßigten Zonen keine Schaumnestfrösche.
Je aufwendiger die Schutzbauten der Eltern für den Nachwuchs sind, desto weniger Nachkommen bringen sie hervor. Schmetterlinge legen Hunderte von Eiern, Mauerbienen und Grabwespen nur wenige, gut geschützte.
Die Nester der Solitärbienen, der Grab- und Wegwespen werden von der Mutter mit einem Nahrungsvorrat gefüllt und können dann rundum verschlossen werden. Die unterirdischen Nester sind schon durch ihre verborgene Lage gut geschützt, die oberirdischen sind aber überaus stabile Festungen, die fast nicht zu erobern sind. Manche sind uns sogar als Versteinerungen erhalten geblieben, und viele werden, von den Erbauern verlassen, von verschiedenen Nachmietern als Ruheplatz oder Kinderstube benutzt und manchmal auch ausgebaut.

Minen und Minierer

Wo immer es grüne Blätter gibt, tragen manche von ihnen ein zuweilen bizarres Muster aus weißlichen Linien oder Flecken. Es sind die Fraßgänge von Insektenlarven, die innen die grünen Pflanzenteile verzehren aber das farblose Deckgewebe nicht antasten. Diese Fraßspuren werden als Minen bezeichnet, ein Wort aus dem Französischen, das man mit Bergwerk oder Erzader übersetzen kann. Fleckförmige Minen heißen Platzminen, und die meist gewundenen Gänge heißen Gangminen. Minen werden nur von den Larven von Insekten erzeugt; manche verbringen dort noch die Puppenruhe, zuweilen in einem in die Mine eingesponnenen Kokon, aber die fertigen Insekten müssen heraus, weil ein Blatt einmal abstirbt und zerfällt und die Minierer neue Lebensstätten besiedeln müssen. Man kennt Minierer unter den Fliegen, Mücken, Kleinschmetterlingen, Käfern und Blattwespen.
Die Mine ist ein sehr wohnlicher Lebensraum: Man hat stets Futter in Fülle, man ist sicher vor Ameisen und vielen anderen Feinden, für Vögel lohnt es sich zumindest im Sommer nicht, wegen der winzigen Happen die Mine aufzupicken, und die Luft ist angenehm feucht. Dazu kommt noch der Schutz vor Regen und auch vor mikroskopisch kleinen Krankheitserregern. Es bedarf aber einiger Anpassungen, um als Minierer leben zu können. Zunächst ist das nur kleinen, an die Dicke eines Blattes angepassten Insekten möglich. Viele sind zudem abgeplattet, und die Mundteile beißen nach vorne. Die Beine sind mehr oder weniger verkümmert, und die Körperfarben sind wie bei Höhlentieren erloschen, so dass man die inneren Organe durchschimmern sieht. Spinndrüsen, soweit bei den freilebenden Verwandten vorhanden, sind verkümmert.
Gefördert durch das reiche Nahrungsangebot wachsen die Minierer schnell; manche haben nach etwa 2 Tagen ihr Larvenleben beendet. Darum findet man in der Regel nur noch verlassene Minen, aber auch an ihnen kann man meist den Erzeuger bis zur Art bestimmen, wenn man alle Merkmale heranzieht: Art und Standort der Futterpflanze, Jahreszeit und natürlich die Merkmale der Mine.
Die meisten Minierer sind Einzelgänger, aber es gibt auch Minen, die in gemeinsamer Tätigkeit von einer Raupenschar genagt werden.
Jeder Minierer muß zuerst in das Blatt hinein und später wieder heraus. Für das erste gibt es 2 Wege: Entweder wird das Ei auf das Blatt gelegt, und die Junglarve muss sich einbohren, nicht selten direkt durch den "Fußboden" der Eischale; im anderen Fall schneidet die Mutter das Blatt an und schiebt das Ei in die so entstandene Tasche. Anfangs verzehren die Larven nur das zartere Blattgewebe und müssen vor den kräftigeren Rippen umkehren; später können sie sie oft durchbeißen. Zum Verlassen bohrt die Larve ein Loch in die Blatthaut. Minierer, die in besonders kleinen Blättern wohnen, müssen mehrfach umziehen, wenn sie ihr Blatt leergefressen haben. Andere kommen erst zur Verpuppung hervor, lassen sich fallen oder sinken an einem Seidenfaden zu Boden. Fur die Pflanze ist der Schaden durch den Minierer meist erträglich.

Die "Erfindung" der Puppe bei den Insekten war ein Glückstreffer der Natur. Sie hat die Insekten zu den heimlichen Herren der Erde gemacht, denn sie erlaubt ihnen die Spezialisierung auf 2 "Berufe": Die Larve ist der Fress-Spezialist und auf schnellstes Wachstum gezüchtet, das fertige Insekt lebt für Paarfindung und Brutfürsorge. Die tiefgreifende innere und äußere Umwandlung erfordert eine Zeit der äußerlichen Ruhe, eben die Zeit der Puppenruhe.
Die Puppe ist meist unfähig zu Flucht oder Verteidigung, aber die Larve hat in ihren letzten Tagen vorgesorgt und eine "Puppenwiege" gefertigt, in der die Puppe ausreichend sicher ruht. Beim Bau der Puppenwiege zeigen selbst so plumpe und schlecht mit Werkzeugen ausgerüstete Tiere wie die Raupen eine staunenswerte Gelenkigkeit, Beharrlichkeit und planvolles Vorgehen. Das Grundgerüst des Raupenkokons ist eine Hülle aus Seide, aber das ist für viele Arten nicht genug. So reißen sich viele Gluckenraupen beim Kokonbau ihre nadelspitzen Haare aus und verspinnen sie so geschickt in dem Kokon, dass dieser nach allen Seiten von spitzen Haaren starrt. Andere Raupen verspinnen Teile ihrer Umgebung, Rindenstückchen, Flechten, welke Blätter in ihren Kokon, so dass er schwer zu entdecken und noch schwerer zu öffnen ist. Die Larven mancher Köcherfliegen verschließen ihren Köcher vor der Verpuppung mit einem Stein.
Von innen aber muß jeder Kokon für das fertige Insekt mit **den** Mitteln zu öffnen sein, die ihm zur Verfügung stehen: Käfer, Bienen und Wespen sind mit beißenden Mundteilen ausgerüstet und beißen sich einfach durch.
Die Schmetterlinge mit ihrem Saugrüssel müssen sich anders helfen. Die Raupe hat bereits vorgesorgt. Sie hat am Kokon, der von außen so unangreifbar wirkt, eine Schwachstelle vorgesehen, wo die Seidenfäden nicht verfilzt sind, sondern in Strängen liegen, die man auseinanderdrücken kann. Die Raupen der Nachtpfauenaugen spinnen eine richtige Reuse, die von außen den Zugang verwehrt, von innen aber leicht zu passieren ist. Weiter scheiden viele Nachtfalter nach dem Bersten der Puppenhülle ein Tröpfchen Magensaft aus, das Lauge enthält und die Kokonseide so weit erweicht, dass der Falter sich herauszwängen kann. Aus diesem Grund kann man bei der Seidengewinnung auch nicht mit dem Abspulen der beiden bis 4 km langen Seidenfäden warten, bis der Falter geschlüpft ist, sondern man muß den Tod der Puppe in Kauf nehmen.
Die Raupen vieler Tagfalter spinnen keinen Kokon, sondern eine Seidenmatte, an der sie sich aufhängen, wobei die Puppe hinten in eine mit Widerhaken besetzte Spitze ausläuft. Beim Abstreifen der Larvenhaut bohrt die Puppe ihr Hinterende in die Seidenmatte, noch ehe sie sich aus der Raupenhaut löst - ein Umsteigen, das zu den schwierigsten Instinkthandlungen im Tierreich gehört. Die Raupen der Weißlinge spinnen sich eine Schlaufe hinter dem Rücken und zusätzlich eine Fußmatte, so stehen sie an einem Zweig wie ein Arbeiter mit Steigeisen an einem Telegraphenmast.

Pflanzengallen

Unter Gallen versteht man Wucherungen an Pflanzen, die von Tieren, Pilzen oder Bakterien erzeugt werden. Sie sind somit ein Thema für Zoologen und Botaniker und, weil bei der Gallbildung Wuchsstoffe am Werk sind, auch für Biochemiker. In einer schon 300 Jahre alten Definition sind sie ein "Dienst der Pflanzen an unvollkommenen kleinen Tieren" (Malphigi, 1628 bis 1694). Die wichtigsten tierischen Gallerzeuger sind Fliegen, Mücken, Gallwespen, Blattläuse und Milben; dazu kommen einige Schmetterlinge, Käfer und Würmer.
Am häufigsten findet man Gallen an Blütenpflanzen, aber auch Farne, Moose und sogar Pilze sind nicht ganz frei von Gallen.
Die Tiere treten bei der Gallentstehung nur als "Bauherren" in Erscheinung, die Bauausführung obliegt der Pflanze. Den Kontakt zwischen beiden vermitteln Botenstoffe, von denen man so gut wie nichts weiß. Die Chemie hat zwar Wuchsstoffe entwickelt, die zu Wucherungen führen. Solche Wuchsstoffe werden in großem Umfang als Unkrautbekämpfungsmittel eingesetzt: Die Pflanzen wuchern sich zu Tode. Die tierischen Gallerzeuger bringen manche Pflanzen aber dazu, maßgeschneiderte Gallen zu bauen, die die Insassen schützen, nähren und ihnen zur Zeit des Schlüpfens "die Tür aufmachen"

Spuren im Sand

Das Leben in Wüstensand und Küstendünen spielt sich vor allem im Schutze der Nacht ab. Am Morgen findet man seine Spuren im Sand. Da sieht man die oft krausen Wege der Käfer, ihre unermüdlichen und oft vergeblichen Versuche, einen sandigen Steilhang zu ersteigen; man sieht, wo sie sich am Abend aus dem Sand gegraben und am Morgen wieder eingegraben haben, wo sie ihre Nahrung gesucht und ihre Paarungspartner getroffen haben. Auch manches Tierdrama ist im Sand aufgeschrieben, die Begegnung zwischen Räuber und Beute, ihr Kampf ums Überleben.

Dem Kenner verraten die Spuren etwas über die Urheber: Käferspuren sehen aus, als seien winzige Kettenfahrzeuge gefahren, Krabben gehen auf spitzen Zehen, Schlangen hinterlassen Schleifspuren. Bei Nattern sind sie geschlängelt, bei Vipern oft schnurgerade wie eine Radspur, bei den Seitenwinderschlangen ist die Spur regelmäßig unterbrochen, als wäre die Schlange gesprungen. Tatsächlich hat sie nur Wellen geworfen und dabei den Sand nicht überall berührt. Eidechsen erkennt man an der Schleifspur des Schwanzes zwischen den Fußabdrücken, Vögel hüpfen oder trippeln, und an der Größe, Länge und Stellung der Zehen lassen sich manche Vogelgruppen unterscheiden. Mäuse tupfen nur mit ihren Fußspitzen in den Sand, Frösche hinterlassen im Feuchtsand die großen Abdrücke der Sprungbeine und dazwischen schwach die Abdrücke der Vorderbeine. Schnecken sind

auf dem Sand nur Irrgäste, und meist endet ihr Irrweg mit dem Tod. Auf ihrem Weg leimen sie den Sand mit Schleim zu einem sandigen Band zusammen, aber weit kommen sie nicht.
Wo eine Spur im Sand endet, kann man den Urheber manchmal ausgraben. Viele Sandbewohner können sich unter der Oberfläche weitergraben, manche schwimmen geradezu im Sand.
Nicht nur Tiere, sondern auch der Wind kann Spuren im Sand hinterlassen, sei es, dass er Gegenstände über den Sand rollt, sei es, dass er Halme niederbeugt und mit ihnen den Sand ritzt. Wenn der Wind aus wechselnden Richtungen weht, erzeugt er wie mit dem Zirkel gezogene Kreise.
Spuren im Sand sind vergängliche Werke. Wenn mit steigender Sonne der Tageswind aufkommt, gerät der Sand in Bewegung und wischt alle Spuren der Nacht wieder weg. So bereitet er die Tafel, auf der die Wanderer der nächsten Nacht die Geschichten ihres Lebens einzeichnen werden.

Die Natur als Vorbild?

Man übertreibt nicht viel, wenn man sagt, alle Biologie sei Bauen, genauer Aufbauen und Abbauen. Aber was kann ein Architekt, ein Konstrukteur entdecken, wenn er in der Natur Vorbilder zur Lösung seiner Probleme sucht?
Etwa ein Städteplaner, der den zunehmenden Verkehr in einer Großstadt zu bedenken hat. Da diskutiert man 2 grundsätzlich verschiedene Lösungen für die Leitung der Verkehrsströme: den "Stern"mit der City im Mittelpunkt, und das "Netz" mit vielen kleineren Knotenpunkten. Das grüne Blatt steht vor einer ähnlichen Aufgabe: Stoffe, in strömender Flüssigkeit gelöst, müssen über die ganze Blattfläche verteilt werden, und die Produkte der Fotosynthese müssen aus der gesamten Fläche herausgezogen und etwa in die Speicher gebracht werden. In der Blattaderung sehen wir das millionenfach geprüfte Ergebnis der Evolution vor uns, das genauer als jede Computersimulation die optimale Lösung für die oben gestellte Aufgabe zeigt. Das Blatt hat sich für das Netz entschieden. Aber es gibt sehr verschiedene Blätter, ein Zeichen dafür, dass es verschiedene optimale Lösungen für die eine Aufgabe gibt. So bleibt dem Städteplaner genügend Stoff zum Diskutieren, und er kann sich für mehrere Lösungen entscheiden.
Der Konstrukteur, der auf der Suche nach Ideen für seine Konstruktionen die Bauleistungen der Natur analysiert, wird aber auf viele einschränkende Gegebenheiten treffen, die es in der Technik nicht gibt. Schon in der Wahl der Werkstoffe zeigt sich die Natur sehr eingeschränkt. So kann sie keine Metalle, ideale Stütz- und Panzerstoffe, verwenden. Auf den ersten Blick ist das überraschend, denn jede Zelle enthält Verbindungen von Metallen, von Eisen, Magnasium und anderen, und warum sollte

die Natur als Chemiker nicht die Metalle selber aus ihren Verbindungen gewinnen? Es geht nicht, weil die Natur "molekular", das heißt Molekül für Molekül arbeitet. Metalle sind aber so kompakt gebaut, dass sie undurchdringlich sind für jede Art von Stoffwechsel. Ferner kann die Natur keine Verfahren anwenden, bei denen höhere Temperaturen nötig sind. Bei mehr als 50 oder 60 Grad stößt das Leben an unüberschreitbare Grenzen.
Weiter sind die "Fabriken" der Natur selber lebende Strukturen mit allen Eigenforderungen, die für jedes Lebewesen unbedingt erfüllt sein müssen. So konnte die Natur nicht das Rad erfinden, weil der Fluss von Informationen und Stoffen im Organismus nur über feste Verbindungen von Zelle zu Zelle laufen kann und jede lebende Zelle erreichen muss.
Weiter muss ein Organismus in allen seinen Stadien in einer feindlichen Umwelt lebensfähig sein - ein "Haus" etwa müsste vom ersten Stein an bewohnbar sein. Das Schneckenhaus, das mit der Schnecke wächst, und das Wespennest erfüllen diese Forderung.
Schließlich muss jede lebende Architektur auch im Laufe ihrer stammesgeschichtlichen Entstehung funktioniert haben - die Natur macht keine Sprünge -, eine sehr strenge und folgenreiche Forderung. Ferner werden Bauelemente, die nicht mehr benötigt werden, in der Natur noch über viele Generationen hin weiter hergestellt, das folgt aus der Forderung, dass jede Fähigkeit des Lebens auch vererbbar sein muss.
Alles dieses bedacht, ist das Bauen in der Natur zwar vollendet, aber mit zahlreichen einschänkenden Klauseln aus anderen Bereichen des Lebens verbunden. So gibt die Betrachung der Baukunst der Natur für den menschlichen Planer doch nicht allzuviel her. Wo sich im Produkt am Ende eine verblüffend ähnliche Lösung zeigt, wie die Natur sie gefunden hat, so begegnen sich hier zwei "Schöpfer", die von verschiedenen Seiten herkommend, doch am gleichen Ziele angekommen sind.
Alle Bauhandlungen der Tiere sind angeboren und werden gleichsam blind ausgeführt. Wenn eine Mauerbiene beispielsweise einen Topf mit Honig füllt und anschließen zumauert, so wird sie ihn auch dann zumauern, wenn man inzwischen den Honig entfernt hat. Nach "Honig eintragen" kommt in ihrem Programm "Zumauern".
Sogar der Bau der Schlafnester bei den Schimpansen ist angeboren. Junge Schimpansen versuchen es auch in einem Käfig, wo es nichts zu bauen gibt. Immerhin können sie als die intelligentesten Tiere mit der Zeit dazulernen.

Unter der Erdoberfläche lebt es sich gar nicht schlecht. Man ist geschützt vor den meisten Raubtieren, vor dem nicht ganz ungefährlichen Sonnenlicht, vor Trockenheit und Winterkälte. Ein Grundnahrungsmittel steht in Form von Wurzeln immer reichlich zur Verfügung, und man hat gewöhnlich seine Ruhe.
So bleibt nur das Problem der Fortbewegung. Die bodenbewohnenden Tiere haben es auf verschiedene Weise gelöst. Am einfachsten haben es die kleinsten Bodentiere. Für sie ist die oberste, noch lockere Bodenschicht ein endlos vernetztes Höhlensystem, und man muss nur klein oder dünn genug sein, um als Spaltenschlüpfer voran zu kommen.
Größere Tiere müssen grabend Hindernisse aus dem Weg räumen. Am einfachsten geht das im Sand. Manche Land- und Wassertiere wühlen sich im Sand einfach weiter und hinterlassen so wenig Spuren wie die Fische im Wasser. Ein afrikanischer Skink hat daher sogar seinen Namen bekommen: Er heißt in manchen Sprachen Sandfisch. Es gibt auch einen echten Fisch, der sich bei Gefahr wie ein Geschoss in den Sand stürzt und unter dem Sand "weiterschwimmt". Solche Sandschwimmer haben meist eine keilförmige Schnauze und als Schaufeln taugliche Vorder- und Hinterfüße.
In härterem Boden müssen die Gräber aber schwere Arbeit leisten. Am einfachsten geht es noch in verfestigtem Sand. Grabwespen als Gelegenheitsgräber sind dafür nicht mit schwerem Werkzeug ausgerüstet. Ihnen genügen Bürsten an den Beinen zum Scharren, und notfalls lockern sie den Boden mit ihren kräftigen Kiefern. Wildkaninchen lieben ebenfalls sandige Böden und begnügen sich damit, ihre Höhlen mit den krallenbewehrten Vorderbeinen auszuscharren.
Die Gräber in festem Boden sind mit Grabschaufeln ausgerüstet, die an kurzen Gliedmaßen mit uriger Kraft eingesetzt werden. Maulwurf und Maulwurfsgrille sind Gräber dieses Typs. Der Regenwurm ist ebenfalls ein Muskelpaket, aber er gräbt "hydraulisch": Er macht sein Vorderende dünn und schiebt es in eine Erdspalte. Dann bläht er es mit kräftiger Muskelanspannung auf und weitet so den Spalt zur Röhre. Wie groß seine Kraft ist, merkt man etwa, wenn sich ein Wurm aus der geschlossenen Hand zwischen den Fingern nach draußen zwängt. Andere Gräber, zum Beispiel die Engerlinge, beißen sich mit gewaltigen Zähnen ihren Weg durch die Erde.
Auch die besten Gräber kommen im Boden nicht schnell voran, oft nicht schnell genug, wenn es gilt, einen Paarungspartner zu finden. Dafür verlassen viele bei Dunkelheit ihre sicheren Höhlen. Zur Paarungszeit laufen etwa die Männchen der unterirdisch lebenden Falltürspinnen viel herum, und auch den liebestollen Maulwurf kann es aus seiner Erdburg treiben. Die Maulwurfsgrille zirpt ausdauernd im Höhleneingang, und was man ihr gar nicht zutraut: sie hat das Fliegen noch nicht ganz verlernt. Die Engerlinge verwandeln sich, wenn die Paarungszeit kommt, in Käfer, die das Erdreich verlassen und in Licht und Luft ihre Art erhalten.

Fossile Bauwerke

Die frühesten sicheren Spuren irdischen Lebens sind Bauwerke - die von Blaualgen hinterlassenen Stromatolithe, deren älteste über 3 Milliarden Jahre alt sind, und wir können annehmen, dass Tiere, seit es sie gibt, Bauwerke errichtet haben, und einige davon sind als Versteinerungen erhalten geblieben. Das rechte Bildbeispiel zeigt Wurmröhren aus marinem Meeresboden im Erdmittelalter. Damals wie heute staken die Würmer im Sand in senkrechten Röhren, über denen sie Einsturztrichter erzeugten. Diese wurden vom Wellengang mit Sand von anderer Beschaffenheit gefüllt, und das Ganze, zu Sandstein verbacken, ist nun fossil erhalten.
Das Bildbeispiel links zeigt versteinerte Nester von Mauerbienen, wie man sie im Wüstensand von Fuerteventura finden kann, wenn der Wind sie freiweht und mit Treibsand als Poliermittel abschleift und glättet.
Bekannt sind auch Fraßgänge von holzbohrenden Insekten in versteinertem oder zu Kohle gewordenem Holz. Dies und viele weitere Funde zeigen, daß die Baukunst der Tiere uraltes Handwerk ist, bei dem in den letzten hundert und mehr Millionen Jahren wohl nichts mehr hinzuerfunden wurde - so perfekt sind schon die alten Künste.
Das untere Bild zeigt den Anschliff eines Stromatolithen aus dem Erdaltertum.

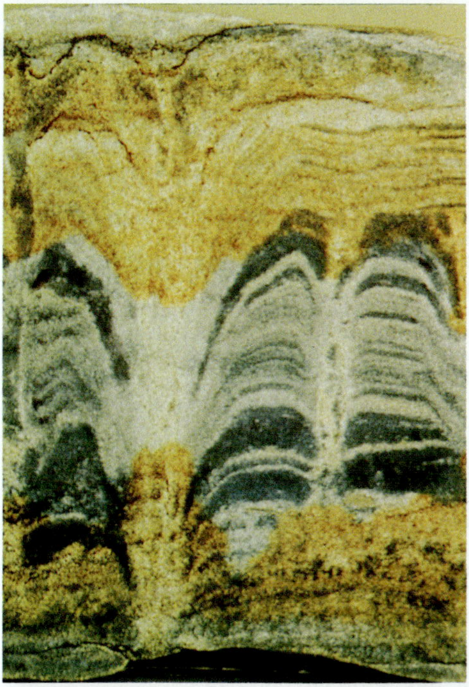

Die Werkzeuge der Tiere

Wenn jemand nur die Bauwerke der Tiere kennen würde und sollte von diesen auf die Bauwerkzeuge schließen, so würde er sich Sägen und Meißel, Eimer und Kellen, Nadel und Faden, Senkblei und Axt vorstellen. Von alledem ist nichts in der Natur vorhanden. Die Handwerker arbeiten gleichsam mit leeren Händen, und man sieht ihnen meist nicht an, was sie können.
Niemand kann einem Käfer ansehen, ob er Tüten wickeln kann, einer Wespe, ob sie töpfert oder Papier herstellt, einer Spinne, ob sie ein Netz weben kann, einem Vogel, ob er ein kunstvolles Nest baut oder in einer Bodenmulde brütet und dem Biber, dass er Dämme bauen kann. Der Geist macht den Könner, nicht das Werkzeug, so wie der Geist den Dichter macht und nicht die Feder.
Einige Werkzeuge kann man aber doch erkennen, vor allem bei grabenden Tieren. Berühmtestes Beispiel ist die Grabehand der Maulwurfsgrille, gedrungen, gezähnt wie das Maul eines Baggers, gehärtet. Bekannt ist der Vergleich mit der ähnlichen Grabehand des Maulwurfs. Aber das Graben wurde bei den Grillen zweimal erfunden: Die Jerichogrille aus Nordafrika gräbt auch, sie benützt ihre gewaltigen Oberkiefer zum Losbeißen der Erde, und dann schiebt sie die lockere Erde wie ein Schneeräumer mit ihrem flachen Kopf aus der Röhre. Ebenfalls Gräber sind die Pillendreher, ihre Vorderbeine sind in der Wirkung ähnlich, im der Ausführung aber anders gestaltet als die Vorderbeine der Maulwurfsgrille.
Die Oberkiefer der Lehmwespen sind lang und schmal und taugen weniger zum beißen. Erst beim Bauen sieht man, dass sie benutzt werden, um Lehm zusammenzuscharren, ihn zu einem Zement zu kneten und dann zu einer Mauer auszuwalzen. Dabei sieht man auch, dass die gespreizten Kiefer zum Ausmessen der Behausung dienen. In diesen Fällen sind Körper oder Körperteile das Werkzeug, das Tier ist Architekt, Handwerker und Baumaschine in Einem. Der Gebrauch fremder Werkzeuge beim Bauen ist eine große Seltenheit. Vielleicht gehört dazu, dass manche Sandwespen die Erde über ihrem Nest mit einem Steinchen festklopfen sollen, eher schon kann man bei den Weberameisen von Werkzeuggebrauch sprechen, wobei das "Werkzeug" aber die lebendige Larve ist. Geeigente Werkzeuge sind in der Umgebung der Tiere auch kaum zu finden, und die Herstellung von Bauwerkzeugen ist in der Tierwelt nicht gelungen, weil eine vorauschauende Vorstellung vom Verwendungszweck dazu gehört, und die ist dem Menschen und seinen nächsten Verwandten vorbehalten. Warum das so ist, dafür hat die Biologie keine Antwort gefunden, obwohl sie auch nach Antworten sucht auf die Frage "Was ist der Mensch?" Bis heute muss sie diese Frage mit einem Hauch von Resignation an die Philosophen weitergeben, die im Idelfall auch Biologen sein sollten, also Wissen und das eine große Leben erarbeiten.

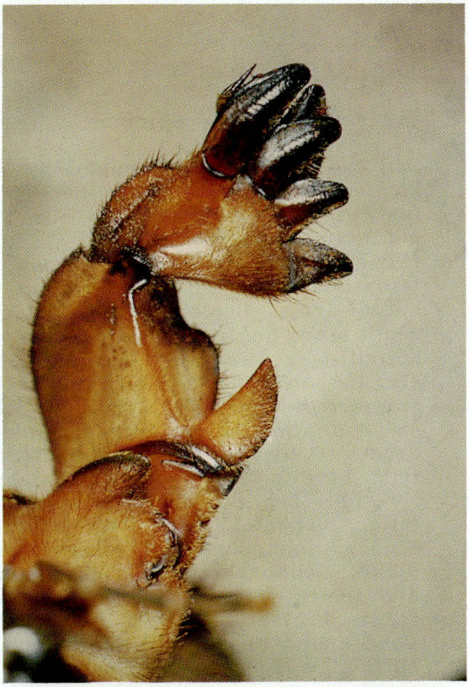

Die Werkzeuge der Spinnen

Den meisten Insekten sieht man nicht an, ob und was sie bauen können, der Raupe nicht den Kokon, der Wespe nicht das Nest. Die Spinnen aber benötigen zum Umgang mit ihren raffinierten und gefährlichen Netzen besondere körpereigene Werkzeuge. Die auffälligsten sind die Spinnwarzen, von denen meist 6 am Hinterleibsende zusammenliegen, aber man kennt auch Spinnen mit 8 Spinnwarzen. Der Name ist unglücklich gewählt, denn diese "Warzen" sind gegliedert und jede für sich fingerartig beweglich: Spinnfinger wäre ein besserer Ausdruck. Man stellt sich vor, dass sie aus ehemaligen Bauchbeinen hervorgegangen sind, schließlich spinnen die Tarsenspinner ja auch mit ihren Beinen.
Am Ende der Spinnwarzen münden als kurze Röhren die Spinndrüsen - bis zu 50 000 bei einer Spinne. Aus manchen Öffungen tritt bereits der feste Spinnfaden aus, andere geben ein noch flüssiges Sekret ab, das, einmal ausgeschieden, in Sekundenbruchteilen erhärtet. Die Wasserspinne spinnt auch unter Wasser. Kreuzspinnen können 6 verschiedene Fäden abscheiden, die sich in Dicke, Dehnbarkeit, Festigkeit und oft auch Farbe unterscheiden: die festesten sind reißfester als gleichdicke Raupenseide und sogar Stahlsaiten. Die Fäden können ausgepresst werden, oder sie werden aus den Spinnwarzen herausgezogen.
Auffällige Sonderbildungen gibt es an den Fußspitzen, wo die netzbauenden Arten 3 kammzähnige Krallen tragen. Mit diesen Fußspitzen hangeln manche Arten in Licht und Dunkelheit, in Wärme und Kühle mit fabelhafter Schnelligkeit und mit dem Rücken nach unten in ihren Netzen, ohne auch nur einmal daneben zu greifen oder mit dem Körper die fängigen Stellen im Netz zu berühren. Sollte das doch einmal geschehen, etwa wenn ein Sturmbö das Netz über der Spinne zusammenschlägt, so kann sie sich wieder befreien, denn ihr Körper ist eingefettet und glatt.
Schließlich sind auch die Mundteile dazu eingerichtet, die Gespinste wie Scheren zu zerschneiden. Die Spinnen machen davon Gebrauch beim Abbau eines nicht mehr fängigen Netzes und beim Verlassen eines rundum zugesponnenen Kokons. Die alten Fäden samt Klebstoff werden zusammengeknäult, in Verdauungsekret gelöst und aufgesogen. Minuten später tauchen die Bausteine in der neu gesponnenen Spinnseide wieder auf.
Der Umgang mit der Seide erfordert große Hirnleistung. Darum ist das Gehirn der Spinnen, setzt man es ins Verhältnis zur Körpergröße, etwa so groß wie das Gehirn der Säugetiere.
Viel wissen wir noch nicht über die Probleme beim Leben am seidenen Faden und wie die Spinnen sie gelöst haben. Nur eines ist sicher: Der Erfolg gibt ihnen Recht.

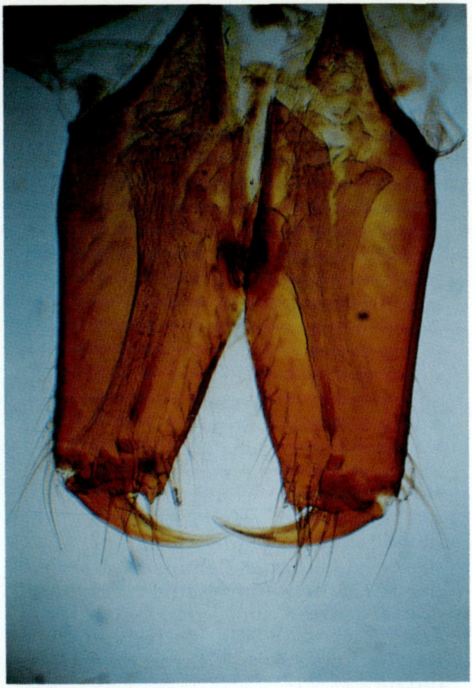

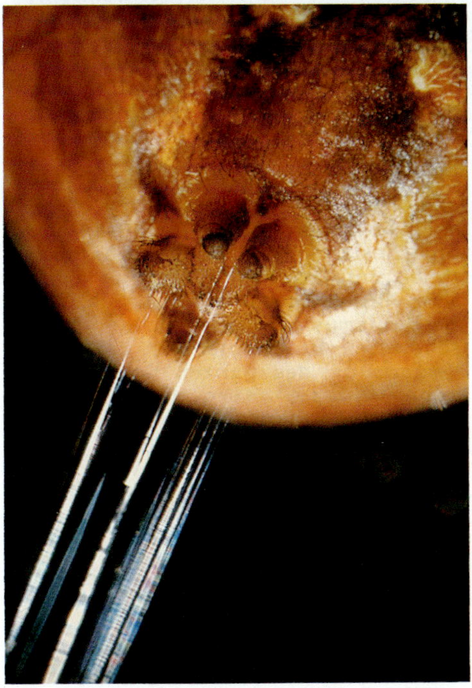

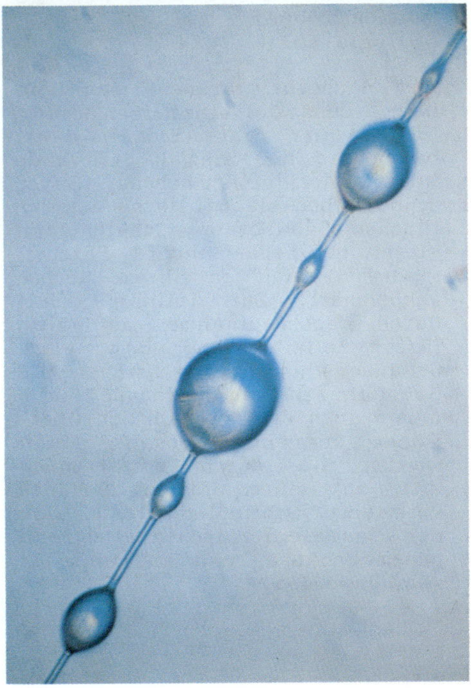

Schalenamöbe
Arcella sp.

Bauwerke gibt es schon bei den einzelligen Lebewesen; bei den Schalenamöben baut die Mutter sogar ein so geräumiges Haus, dass die Tochter darin ihr ganzes Leben verbringen kann - etwas Einmaliges im Tierreich. Dabei trifft es nicht genau, von einer Tochter zu reden, denn bei den Amöben gibt es keine geschlechtlichen Vorgänge und damit auch keine Geschlechter, also weder Söhne noch Töchter.
Steht die Vermehrung durch Zellteilung an, so schwillt der Körper der Amöbe an, ein Teil quillt aus der Gehäuseöffnung und scheidet davor das neue Gehäuse ab: erst noch hauchdünn und farblos, später fester und gebräunt. Dann erst teilt sich die Zelle, und jede Hälfte kriecht mit ihrem Häuschen davon.

Schalenamöbe
Difflugia sp.

Zum Häuserbau braucht man kein Hirn, schon die einzelligen Amöben leisten hier Erstaunliches; dabei bauen sie nur einmal, am Ende ihres individuellen Lebens. Zuvor schon haben sie mit ihren Scheinfüßchen Sandkörner, Schalen von Kieselalgen oder andere Partikel gesammelt und in ihrem Körper gespeichert. Zur Teilung quillt durch Wasseraufnahme die Hälfte ihres Zelleibs aus dem alten Gehäuse, Plasmaströme bringen die Baustoffe in die werdende Zelle und ordnen sie dort an der Oberfläche zu einem Mosaik: dann werden sie durch erstarrenden Kitt zu einem festen Gehäuse vermauert. Schließlich trennt sich der Plasmaleib zwischen altem und neuem Gehäuse, und aus eins ist zwei geworden.

Gittertierchen Clathrulina elegans

Die den Sommentierchen nahestehenden Einzeller leben in einer Gitterkugel aus Quarzglas, die mit einem Faden aus hornartiger Substanz an der Unterlage befestigt ist. Durchmesser unter 0,1 mm.
Zur Vermehrung teilt sich die Zelle in der Gitterkugel, und eine der "Töchter" schlüpft durch eine Öffnung und muss sich dann ein neues Haus bauen.
In stehenden Gewässern, wo man vor allem verlassene Gitterkugeln findet.

Falltürinfusor
Thuricola folliculata

Unter den einzelligen Wimpertierchen (Stamm Ciliata) gibt es zahlreiche Arten aus der Verwandtschaft der Glockentierchen, die allein oder zu zweit in zierlichen Gehäusen leben. Bei der Vermehrung verlässt zumindest eine "Tochter" das elterliche Gehäuse, um sich nach einer Zeit der Wanderschaft ein eigenes Haus zu bauen.
Bei einer Störung zucken die Tierchen in ihr Gehäuse zurück, und es gibt Arten, deren Gehäuse eine Tür besitzt, die dann noch über ihnen zufällt.
Man hat lange über den Schließmechanismus spekuliert - wahrscheinlich funktioniert er über die Verformung des ganzen Gehäuses, wenn das Wimpertier beim Zurückziehen kurz und dick wird und dadurch das Gehäuse verformt.
Trotzdem ist Staunen angebracht darüber, wozu ein einzelliges, mikroskopisch kleines Wesen fähig ist, und auch die Einsicht, wie wenig wir noch von den Vorgängen des Lebens wissen.

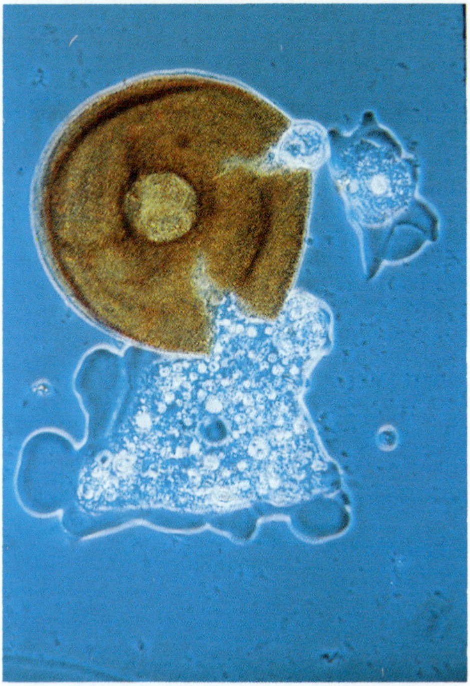
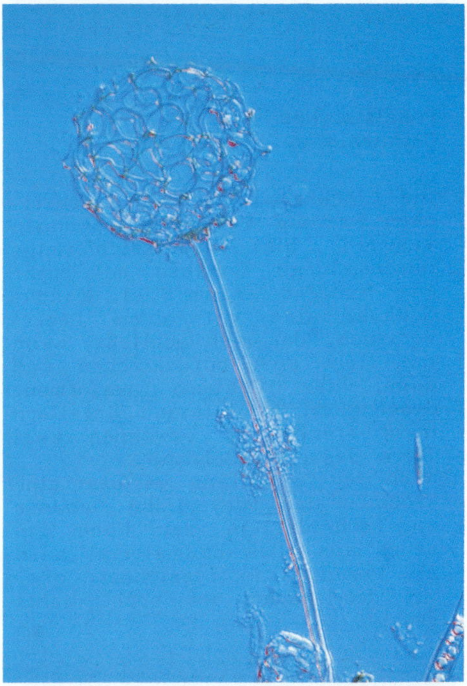
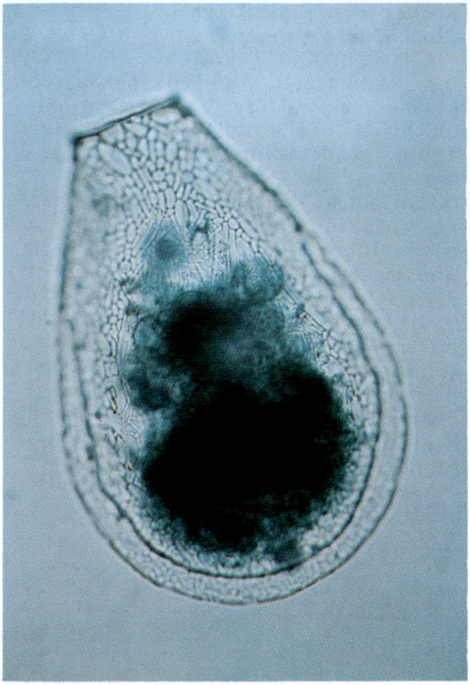
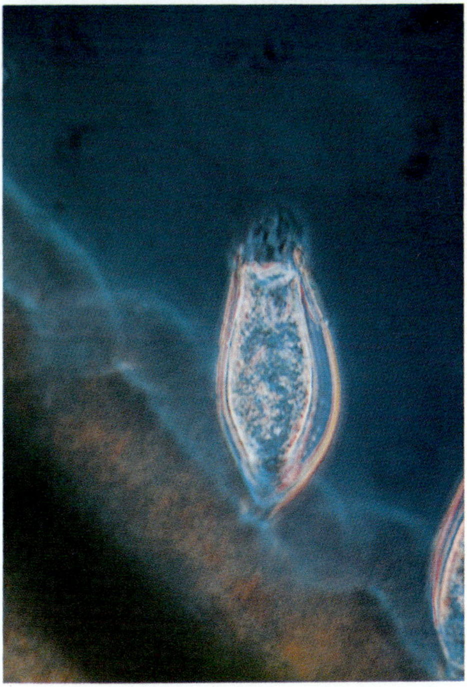

Pokaltierchen
Cothurnia sp.

Die Glockentierchen der artenreichen Gattung Cothurnia bewohnen vasen- bis sektkelchförmige durchsichtige Gehäuse mit mehr oder weniger langem Stiel. Manche Gehäuse sind mit einem Deckel versehen, der sich schließt, wenn die Tiere sich zurückziehen und dabei das Gehäuse verformen. Geselligkeit ist diesen Einzellern nicht fremd: Oft bewohnen zwei Tiere dasselbe Gehäuse.
Nach der Zellteilung verlässt eine "Tochter" das mütterliche Gehäuse und scheidet in der Nähe ein neues aus. Das Baumaterial wird als Pseudochitin bezeichnet, aber mit dem Namen ist noch nichts gesagt.

■□
□□

Gallerttierchen
Ophrydium versatile

Das koloniebildende Wimpertierchen bildet in sauberen Gewässern milchigweiße gallertige Kugeln bis zu Hühnereigröße mit Tausenden von Einzeltieren, lauter Nachkommen eines Gründertieres. Mit unbewaffnetem Auge kann man die Individuen als kleine grüne Stäbchen erkennen. Die Grünfärbung stammt von einzelligen Algen, die im Körper von Ophrydium leben. So ausgerüstet können sich die Kolonien auch in besonders nährstoffarmem Wasser entwickeln.

□■
□□

Becherbäumchen
Dinobryon divergens

In der fernen Welt der Mikroorganismen können Pflanzen umherschwimmen und sich in Tiere verwandeln; so kommt auch ein Bauwerk der Pflanzen in ein Buch über Bauwerke der Tiere.
Das Becherbäumchen ist eine koloniebildende einzellige Gelbalge. Die Einzelzellen leben in zierlichen Trichtern, aus denen sie eine pausenlos schlagende Geißel hervorstrecken. Mit ihrem Schlag ziehen die Bäumchen langsam durch das Wasser von Seen und Teichen. Auf eine Störung hin verlassen sie leicht ihr Gehäuse und schwimmen auseinander.

□□
■□

Köcher des Rädertiers
Floscularia ringens

Die Rädertiere sind mikroskopisch kleine mehrzellige Wassertiere mit unklarer Verwandtschaft. Einige Arten sind wahre Kunsthandwerker.
Unter dem Mikroskop kann man Floscularia leicht beim Köcherbau beobachten. Die Tiere strudeln Wasser ein und sammeln dabei Fremdstoffe in einer Grube, wo sie mit körpereigenem Sekret vermischt, zu einer Pille geformt und wahrscheinlich eingefärbt werden. Dann setzt das Tier die Pille auf den Rand des Köchers wie ein Maurer den Stein.
Floscularia kann seinen Köcher verlassen und an anderer Stelle einen neuen bauen.

□□
□■

Fangfäden einer Wurmschnecke

Fangnetze gibt es auch unter Wasser. In Bächen bauen manche Köcherfliegen Netze, die an Feinheit der Maschen und Ebenmaß der Ausführung alles übertreffen, was Spinnen hervorbringen.
Netzbauer im Meer sind die Wurmschnecken (Vermetus). Sie kitten ihr anfangs spiraliges und später röhrenförmiges Schneckenhaus an eine Unterlage und ernähren sich von nun an als Netzfischer. Dazu lassen sie Schleimfäden in der Strömung wehen, die sich bald irgendwo verhängen. Nach einiger Zeit ziehen sie die Schleimfäden ein und verzehren sie mit allem Genießbaren, was daran haften geblieben ist.
Foto: Johann Hinterkircher.

Fraßspur einer Schnirkelschnecke

Landschnecken haben eine Raspelzunge, die bestens zum Abschaben von Algenbelägen taugt. In regnerischen Nächten, wenn die Algen auf Totholz und Steinen aufgeweicht sind, ist der Tisch für die Schnecken reich gedeckt, und sie fressen, den Kopf hin und her schwenkend und mit der Zunge schabend, die ganze Nacht. Bis zum Morgen haben sie bizarre Muster in die Algenteppiche genagt.
Die Wasserschnecken, die von Aquarianern als "Fensterputzer" eingesetzt werden, fressen auf die gleiche Art, und durch das Glas hindurch kann man ihre gemächliche Tätigkeit bequem beobachten.

Gelege der Mondschnecke Polinices tumidus

Die Mondschnecken sind Gräber im bewegten Sand der Meeresküsten. In ihrem Lebensraum gibt es nichts, wo man die Eier anheften könnte; die Mondschnecken fertigen sich also ihren eigenen "Festkörper", indem sie Sand mit Schleim zu einem eigenartigen Gelege verbacken. Darin eingelassen entwicklen sich die winzigen Eier.

Als einziges Werkzeug steht den Schnecken ihr zungenartig verformbarer Fuß zur Verfügung, und man kann sich vorstellen, wie die Schnecke damit eine Portion Sand umfasst und zu einem Band knetet, das sich zur Spirale rollt, weil es außen weiter ausgewalzt wird als innen. Es ist oft einfacher, ein schönes Produkt zu erzeugen als ein unschönes.

Kriechspur einer Schnecke

Das abgebildete Kunstwerk der Natur fand ich auf einem Stein im Geröll eines Flussbetts. Eine Schnecke ist dort - offensichtlich orientierungslos - in Kreisen gekrochen und hat, wie das alle Schnecken tun, eine Kriechspur aus Schleim hinterlassen. Dann ist Sand über den Stein geweht und nur an der noch klebrigen Kriechspur haften geblieben. Ein vergängliches Gemälde der Naturkunst ist entstanden.

Eikapseln einer Reusenschnecke Nassa sp.

Die Nassa-Arten leben als Gräber im Sand, aber ihre krug-, vasen- oder taschenförmigen Eikapseln befestigen sie an Tangen oder Seegras. Die Kapseln bestehen aus einer erhärtenden Absonderung des Eileiters und stellen angenähert dessen Ausguss dar. Die Jungschnecken verlassen die Kapseln durch die Öffnung im Flaschenhals.
Die Schnecken zeigen auch im Seewasseraquarium ihre Baukunst. Sie sind heimisch in allen europäischen Meeren.

Schornstein der Rauchfangmuschel Brechites attrahens

Im Spülsaum an tropischen Stränden findet man zuweilen etwa fingerlange Kalkröhren, das Werk einer Rauchfangmuschel. Diese Muscheln sitzen tief im Boden oder in lückigem Gestein und sind durch den Schornstein mit der Umwelt verbunden. Sollte die Muschel bei einem Sturm verschüttet werden, so verlängert sie ihren Kamin bis zur neuen Sedimentoberfläche. Dabei erhält ihre Röhre oft mehrere übereinanderliegende Kragen.

Weinbergschnecke, Gelege

Die Gehäuseschnecken sind durch ihr Haus recht gut gegen Austrocknung geschützt, ihre Eier aber sind empfindlich. Die Weinbergschnecke konnte nur deshalb in sonnig-trockene Lagen vordringen, weil sie ihre Eier an einem feucht-schattigen Ort vergräbt. Dafür bohrt sie mit ihrem Vorderkörper als Werkzeug ein daumengroßes Loch in lockeren Boden, das dann die Eier empfängt. Die Jungen tragen schon beim Schlüpfen ein zartes Haus und müssen sich den Weg nach oben freiwühlen.

Weinbergschnecke, Gehäusedeckel

Als letzten Schritt vor der Winterruhe scheiden die Weinbergschnecken einen aus Kalk bestehenden Deckel aus, der das Haus verschließt, wobei es nicht nur um den Schutz vor Eindringlingen geht, sondern mehr noch um Schutz vor Austrocknung während der Winterruhe.
Im Frühjahr wird der Deckel abgestoßen, und man findet ihn zuweilen bei Gartenarbeiten, wo er manchem das Rätsel seiner Herkunft aufgibt. Natürlich passt er nur in das Gehäuse, für das er gebildet wurde.

Kriechspur einer Malermuschel

Die Muscheln der felsigen Meeresböden sind festgewachsen, denn zum Klettern sind sie körperlich nicht in der Lage, und sie haben das auch nicht nötig, denn die Meeresströmung trägt ihnen die Nahrung zu und ihre Eier und Samen davon.
Die Muscheln der Weichböden müssen beweglich sein, denn im vom Wellengang umgeschichteten Seegrund würden sie allzu leicht zugeschüttet. Zum Kriechen sind sie mit nur einem Fuß ausgerüstet, der aber ähnlich beweglich ist wie unsere Zunge. Die Muschel streckt ihn zwischen den Schalen hervor, krümmt ihn ein und zieht ihn wieder zurück. Es geht meist langsam und ziellos und hinterlässt im Stillwasser eine Furche im Schlamm oder Sand, die mehr auffällt als die vergrabene Muschel selbst.

Schiffsbohrmuschel
Teredo navalis, Bohrgänge

Beim "Bohrwurm" der Seefahrer sind die Schalen zu einem mit Feilenrippen besetzten Bohrkopf geworden und werden beim Raspeln hin und her bewegt. Die Muschel verzehrt den feinen Bohrschlamm. In dem Maße, wie die Zähne stumpf werden, wachsen am Vorderrand der Schale neue Zähne nach. Die Wohnröhre wird mit einer zarten Kalkschicht austapeziert.
Die Larven der Schiffsbohrmuschel treiben einige Wochen im Meer, dann setzen sie sich fest, und nur die wenigen, die auf untergetauchtem Holz gelandet sind, wachsen heran. Dem befallenen Holz sieht man von außen kaum etwas an, doch am Ende ist es völlig ausgefressen und bricht auseinander. Ungezählte Seeleute haben so ihr Leben verloren, obwohl schon die Seefahrer der Antike ihre Boote von Zeit zu Zeit an Land zogen, bis die Bohrmuscheln abgestorben waren.

Große Bohrmuschel
Pholas dactylus

Die fingerlangen Muscheln bohren in untergetauchten Kreidefelsen, Holz, Torf oder Lehm kreisrunde Löcher. Ihr Bohrer besteht aus den beiden raspelartig gerippten Halbschalen. Die Hälften sind nicht wie bei den meisten Muscheln am "Schloss" zusammengewachsen, sondern verschieblich und werden beim Schaben von kräftigen Muskeln bewegt. Um bei der Arbeit einen festen Halt zu haben, klemmt sich die Muschel mit ihrem Fuß im Bohrgang fest. Während des Raspelns dreht sie sich in kleinen Schritten um die Längsachse, so dass kreisrunde Bohrlöcher entstehen.

Sandbauten des Köderwurms
Arenicola marina

Der Köderwurm lebt in Millionenzahl im schlickigen Sand in der Gezeitenzone europäischer Meere. Der mehr als spannenlange Wurm haust in einem U-förmigen Gang, wobei ein Schenkel der Röhre mit festem Schleim ausgekleidet ist. Auf der anderen Seite schlürft der Wurm den nährstoffreichen Schlicksand ein, so dass über ihm ein Einsturztrichter entsteht. Etwa alle 40 Minuten erscheint das Hinterende des Wurmes an der Oberfläche und presst ein Häufchen von unverdaulichem Sand ab. In bewegtem Wasser ebnen die Wellen die Bauwerke rasch wieder ein, in stillerem Wasser gestalten die Würmer mit der Zeit eine kleine Hügellandschaft.

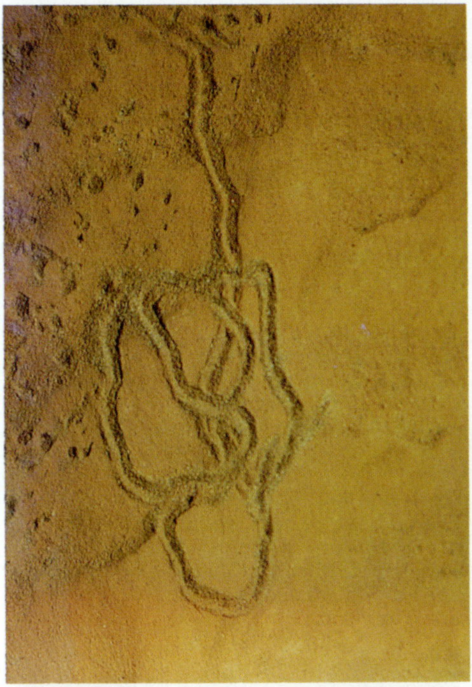

Schraubensabelle Spirographis spallanzani

Die Tentakel der Schraubensabelle sind nicht zum Einsammeln von Baumaterial am Gewässergrund eingerichtet, sondern zum Festhalten von Schwebstoffen. Mit ihnen und aus erhärtendem Schleim lässt sich kein festes Gehäuse bauen. Die Röhren der Sabellen sind von papierartiger Beschaffenheit. Immer reichen sie so weit in Boden oder in Felsritzen, dass sich der Wurm ganz unter die Oberfläche zurückziehen kann, und das tut er auch während vieler Tagesstunden. Dann sieht der Schnorchler nur die verlassen wirkenden, mehr als bleistiftdicken und mehr als fingerlangen Röhren.

Meeresborstenwurm Amphitrite sp.

Die Amphitrite-Arten fertigen ab der unteren Gezeitenzone unter Steinen gewundene Röhren aus verleimtem Muschelbruch und ähnlichen Hartteilen. Im Aquarium zeigen sie ihre Baukunst: Die Tentakel tasten weit umher und ziehen die Bausteine herbei. Sie werden dann mit Leim aus Drüsen an der Kopfunterseite bestrichen und mit dem Körpervorderende, das hier als Hand fungiert, am Röhrenende angesetzt.
Die Röhren sind sehr locker gebaut und werden vom Wurm bei einer Störung verlassen und rasch an anderer Stelle neu gebaut.
Heimisch mit vielen Arten in den europäischen Meeren.

Kalkröhrenwurm Serpula sanguinea

Die Kalkröhrenwürmer haben im Wettrüsten zwischen Räuber und Beute in ihren steinharten, aus weißem Kalk bestehenden Röhren die "endgültige" Behausung gefunden: Niemand in ihrem Lebensraum kann sie aufbrechen. Es ist konsequent, dass die Würmer die einmal gebaute Röhre nicht mehr verlassen. Wenn die Wasserqualität aber extrem schlecht wird, etwa bei Sauerstoffschwund, kommen sie doch heraus, eine Erinnerung an Vorfahren, die noch freilebende Würmer waren. Die Flucht ist aber vergebens, denn die Würmer können ihr Gehäuse nur in frühester Jugend erbauen; später daraus vertrieben gehen sie zugrunde.

Bäumchenröhrenwurm Lanice conchilega

Wo an der Nordsee bei Ebbe schlickiger Sand zutage tritt, finden wir stellenweise dichte Wälder von streichholzhohen Bäumchen aus Muschegrus und Sand, erbaut vom Bäumchenröhrenwum, auch Muschelsammlerin genannt, **einem bis 30 cm langen Borstenwurm**.Sein Kopfende trägt bis fingerlange bewegliche Fäden. Mit ihnen sucht der Wurm Muschelsplitter, Steinchen und Sandkörner zusammen und fertigt daraus mit Hilfe von Kittdrüsen eine Wohnröhre, deren Oberteil aus dem Boden ragt, und darüber ein Geäst aus Sandkörnchen mit quer zur Strömung ausgebreiteten Zweigen. Sie dienen als Stütze für die Fäden, mit denen der Wurm schwebende Nahrung aus der Strömung fischt.

Sandkoralle Sabellaria alveolata

Der irreführende Name bezeichnet einen geselligen, sesshaften Meereswurm, der in den Prielen im Nordseewatt große orgelartige Röhrenbündel bewohnt. Die Würmer können nur auf fester Unterlage bauen; an schlickigen Orten sind sie auf Muschelschalen, Krebspanzer und Uferschutzbauten angewiesen.
Bei tiefster Ebbe, in den Zeiten der Tag-und-Nachtgleiche, tauchen die bis 50 cm hohen und viele Meter langen Bauwerke der Sandkoralle für wenige Stunden über dem Meereesspiegel auf.

Köcherwurm
Pectinaria (Amphictene) sp.

Mehrere Arten von der Nordsee bis in den Indopazifik, die nach den Köchern nicht zu bestimmen sind.
Niemand würde einem Wurm so kunstvoll gearbeitete Köcher zutrauen, aber bei der Auswahl der Baumaterialen, Sand oder Muschelbruch, hilft die Meeresströmung, indem sie das Material auf gleiche Korngröße hin sortiert.
Schon die wenige mm langen Larven fertigen im Plankton einen ersten Köcher aus Sekretschüppchen, der nach dem Übergang zum Bodenleben mit Sandkörnchen verlängert und innen fein geglättet wird.
Der Wurm kann den Köcher nur während des Heranwachsens bauen und geht zugrunde, wenn er ihn verliert.

Wattringelwurm
Nereis diversicolor, Fraßspur

Der etwa fingerlange Wattringelwurm lebt in der obersten Gezeitenzone im Schlick- und Feinsandwatt der europäischen Meere.
Die Würmer leben in tiefreichenden, mit Schleim befestigen Röhren, strecken aber bei Ebbe das Vorderende hervor und weiden die besonders nährstoffreiche oberste Schicht des Bodens ab. Dabei ritzen sie eine vergängliche, stern- bis geweihförmige Zeichnung in den Sand.

Kothäufchen eines Regenwurms

Die Erdhäufchen, die so aussehen, als habe man eine Tube am Boden ausgequetscht, sind Eingang zu einem unterirdischen Röhrenbau, der bei tropischen Arten bis 8 Meter tief sein kann. In solchen Tiefschächten finden die Würmer auch in langen Dürrezeiten die lebensnotwendige Feuchtigkeit. Die heimischen Regenwürmer gehen zur Überwinterung bis 2 Meter tief und rollen sich dann in einer inwendig geglätteten Höhle zusammen. Regenwürmer graben, indem sie ihr Vorderende in Erdspalten schieben und dann mit großer Kraft "hydraulisch" aufblähen. Außerdem können sie sich durchs Erdreich fressen.
Indem die Würmer einen Teil der gefressenen Erde oberirdisch ablagern, bringen sie alles, was auf dem Boden liegt, bis hin zu Mauerresten, unter die Erde. Ohne ihre Tätigkeit wären die Äcker mit Geröll bedeckt und unfruchtbar. Auch archäologische Funde haben sie vor der Zerstörung bewahrt.

Regenwurm, Eikokon

Die zitronenförmigen, bis zentimeterlangen Kokons findet man in feuchter Erde. Der Wurm scheidet bei ihrer Bildung zunächst in Höhe des "Gürtels" einen breiten Schleimring ab und zieht sich dann nach hinten heraus. Wenn er die vor dem Gürtel liegenden Eiporen durch den Gürtel zieht, legt er seine Eier ab, und wenn er die noch weiter vorne liegenden Keimdrüsen durch den Gürtel zieht, sondert er den Samen ab. So werden die Eier im Gürtel befruchtet.
Später schrumpft der Schleimgürtel zum Kokon zusammen. Er enthält bis 12 Eier, aber meist entwickelt sich pro Kokon nur ein Wurm.

Eikokon des Hundeegels
Erpobdella octoculata

In fast allen Gewässern findet man an der Unterseite hohlliegender Steine und an Schwimmblättern die ovalen, flach linsenförmigen Eikokons dieses häufigen Egels. Sie entstehen, indem der Egel um seine Körpermitte einen Schleimring abscheidet, in den er seine Eier legt. Dann kriecht er aus dieser Röhre heraus, die zu der hornig-braunen Eikapsel zusammenschrumpft. Die beiden Öffnungen der Röhre sind noch als kleine Ringe zu erkennen. In den Sommermonaten findet man in den Kokons Eier und Junge, und da beide durchsichtig sind, kann man die Entwicklung gut beobachten. Die verlassenen Kokons bleiben noch lange erhalten.

Bohrender Seeigel
Echinostrephus molaris

Die Stacheln der Seeigel bieten, wie fast alle Mittel der Verteidigung, keinen absoluten Schutz. Im Tropenmeer gibt es große Drückerfische, die die Seeigel mit einem Wasserstrahl aus dem Mund anblasen und dadurch auf den Rücken werfen. Dann beißen sie auf der stachellosen Unterseite zu.
Der Bohrende Seeigel setzt sich in seiner Jugend in einem natürlichen Felsloch fest und baut es im Laufe seines Wachstums zu einer hautengen Höhlung aus, die er später nicht mehr verlassen kann. Beim Graben schabt er beharrlich mit seinen Stacheln. Die höhlenseitigen sind kurz und um die Mundscheibe nach innen gekrümmt, so dass sie jeden Punkt der Höhlenwand bearbeiten können. Die Stacheln am Rücken sind dagen lang und spitz.
Während die anderen Seeigel fressend umherwandern, streckt molaris seine besonders langen Scheinfüßchen in das Wasser und fischt nach vorbeitreibender Nahrung. Passend dazu lebt molaris an Orten mit starker Wasserströmung.
Ihren Paarungspartner brauchen die Seeigel nicht zu besuchen, da sie Eier und Samenzellen in das Wasser abgeben.
Foto: Johann Hinterkircher.

Spinnmilben
Eotetranychus telarius

Manche Linden stehen schon im Spätsommer in Herbstfarben, und ihr Laubfall hat begonnen. Das ist das Werk von Spinnmilben, die den Sommer lang unter einer Seidendecke an der Unterseite der Blätter gesaugt haben. Im Spätsommer wandern sie stammabwärts zur Überwinterung. Dabei überziehen sie ihren Weg mit einem seltsamen Gespinst: In der Aufsicht wirkt es wie eine Nebelschicht, in schräger Sicht aber wie ein silbriger Spiegel. Die Erscheinung erklärt sich durch die Feinheit der Fäden. Sie sind etwa 1/1000 mm dick, weit unter dem Auflösungsvermögen unserer Augen, aber im Bereich der Wellenlänge des Lichts, so dass die Oberfläche für schräg einfallendes Licht spiegelglatt erscheint.

Brutnest eines Pseudoskorpions

Pseudoskorpione bauen Nester für jeden Zweck. Man kennt Ruhe-, Sommer-, Winter-, Häutungs- und Brutnester.
Zum Nestbau kann der Pseudoskorpion Steinchen mit den Scheren zusammentragen, dann spinnt er sie zum einem linsen- bis kuppelförmigen Nest zusammen. Die Spinndrüsen liegen im Vorderkörper und münden in den Mundteilen. Ruhenester haben 1 oder 2 Öffnungen, aus denen heraus die Tiere vorbeikommende Beute ergreifen. Ein verlassenes Nest wird nicht wieder benutzt.
Im rundum verschlossenen Brutnest wachen die Weibchen, bis die Jungen nach 2 Häutungen selbständig sind.

Einest des Bandfüßers Polydesmus complanatus

Die zu den Hundertfüßlern gehörenden Polydesmus-Arten fressen vor der Eiablage viel Erde oder Holzmulm, die mit Sekreten vermischt und über den Darm wieder ausgeschieden, als Baumaterial für das Einest dienen. Zunächst fertigt das Weibchen einen Ringwall, dahinein legt es seinen Eivorrat, dann baut es den Ringwall aus zu einer Kuppel mit einem Loch am höchsten Punkt, durch das später die Jungen das Einest verlassen.

Bei der allgemeinen Langsamkeit der Bandfüßer dauert der Nestbau etwa 36 Stunden, so dass man beim Umdrehen von morschem Holz oder unter der Rinde vermodernder Stubben zuweilen die Tiere auf ihrem halbfertigen Nest freilegt. Ist es einmal fertig, so ist es praktisch unauffindbar, da es aus Material aus der Umgebung besteht und nicht anders aussieht als eine Unebenheit auf der Unterlage.

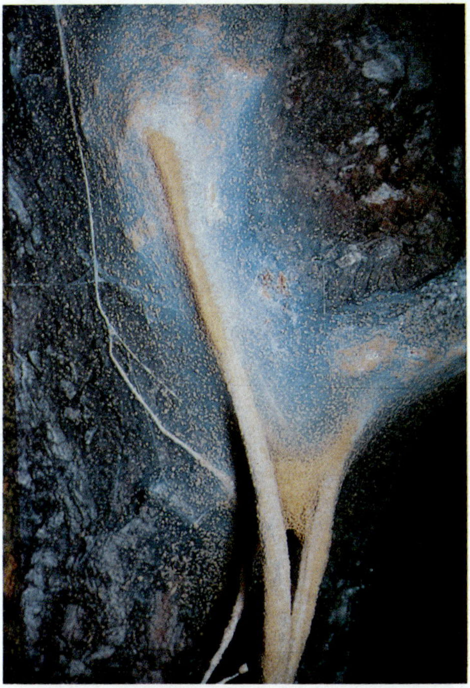

Riesen-Seepocke
Tetraclita squamosa

Diese an der Basis etwa markstückgroßen Seepocken leben auf Felsen in der Gezeitenzone des Roten Meeres und im Indopazifik.
Seepocken sind festsitzende Krebse, die mit Hilfe ihrer Panzer die Gezeitenzone besiedlen konnten. Die Panzerplatten lassen sich bei Überflutung auseinanderschieben und schließen bei Ebbe so fugendicht, dass sie ein Tröpfchen Wasser über Tage der Trockenheit im Inneren bewahren. Bei der Riesenseepocke sind sie zudem bis zentimeterdick und inwendig schaumig aufgebaut, so dass sie vor Überhitzung in der Tropensonne schützen, während sie gegen den kühleren Küstenfels nur dünnwandig ausgeführt sind.
Seepocken sind auch als geschlechtsreife Tiere festgewachsen; daher können nur jene Individuen einen Paarungspartner finden, die in Reichweite eines Artgenossen siedeln.

Balzpyramiden der Reiterkrabbe
Ocypode

An den Sandstränden im Persischen Golf findet man zur Ebbezeit auf den trockengefallenen Flächen ganze Städte aus steilen Sandkegeln. Jeder wurde von einem Krabbenmännchen gefertigt, das bei seinem Bauwerk auf ein Weibchen wartet. Zugleich ist der Hügel Mittelpunkt eines Reviers, in dem kein zweites Männchen geduldet wird.
Wenn die Flut naht, graben sich die Krabben am Fuß ihrer Hügel in den Sand, und die ersten auflaufenden Wellen ebnen den Burgberg wieder ein.

"Springender Sand"
Siphonocetes sp.

Verglichen mit den Insekten, sind die Krebse trotz großer Artenzahl und Formenfülle nur kümmerliche Baumeister. Die zu den Flohkrebsen gehörenden Siphonocetes-Arten sind Ausnahmen.
Wer über tropischem Flachwasser schnorchelt, sieht von ihnen nicht mehr als springende Sandteilchen. Das sind die Köcher des 5 mm langen Krebschens. Die Köcher sind durch "Flügel" aus Muschelbruch beschwert, so dass sie nicht zu sehr vom Wellengang gerollt werden.
In die Verwandtschaft gehört der Schlickkrebs im Nordseewatt. Er haust in Röhren, in die er bei Ebbe einen Vorrat von algenreichem Feinstschlick einträgt.

Fraßspur einer Winkerkrabbe
Uca sp.

Winkerkrabben leben auf Sandstränden tropischer Meere im Rhythmus von Ebbe und Flut. Minuten nach dem Ablaufen des Wassers kommen sie aus ihren Höhlen und stillen zunächst ihren Hunger. Dazu nehmen sie mit den Scheren ein Schlickklümpchen auf, kauen es durch und legen das Umgenießbare, zu einer Kugel geballt, zu Boden. Das wiederholen sie Schritt für Schritt. So zeichnen sie Reihen aus Sandklümpchen. Immer wieder unterbrechen sie für einem Probealarm ihre Arbeit und rennen zu ihrer Höhle zurück, vielleicht um von jedem Punkt aus den Fluchtweg im Kopf zu haben. So entsteht schließlich eine Sternzeichnung von eigenartiger Schönheit. Schon die ersten Wellen der nächsten Flut zerstören das Kunst- und Tagewerk.

Die Wüstenassel
Hemilepistus sp.

Die Wüstenassel konnte durch ihre Baukunst weit in die Sahara vordringen. Ihr Bau ist ein bleistiftdicker Schacht, der in der Tiefe in eine Wohnkammer führt. Da die Tiere ihre Kotballen immer im gleichen Abstand vom Eingang absetzen, entsteht um diesen mit der Zeit ein Ringwall.
In der Höhle lebt eine Familie: Vater, Mutter und bis zu 100 Kinder, denen die Eltern das Futter zutragen, bis sie groß genug sind, um der Wüstentrockenheit zu widerstehen und eine eigene Familie zu gründen. Ein Zusammenleben wie dieses ist einmalig unter den Krebstieren.

Stabilimente

Mit diesem unzutreffenden Namen bezeichnet man dicht gewebte und daher auffallende Gespinstbahnen in den Netzen von Radnetzspinnen. Sie wurden offenbar mehrmals "erfunden", denn sie finden sich auch in Netzen von nicht näher miteinander verwandten Spinnen. Es können keine Zufallsprodukte der sonst so sparsamen Natur sein, sondern sie müssen der Spinne einen Nutzen bringen.
Einer Deutung zufolge sollen sie das Netz stabilisieren, nach einer anderen Vögel davor warnen, durch das Netz zu fliegen, und nach einer dritten, wahrscheinlichsten Vorstellung sollen sie fliegende Insekten zur Landung einladen, die dann schlimm für sie endet.
Das Bild zeigt die Stabilimente im Netz einer tropischen Argiope-Art.

Netz der Schilfradspinne
Larinioides cornutus

Nimmt man alle verfügbare Information zusammen, so kann man fast alle heimischen Radnetzspinnen nach ihren Netzen bestimmen. Zum Beispiel die Schilfradspinne: Das Netz ist in sonniger Lage am Wasser zwischen aufragende Pflanzenteile gebaut, hier in den Rispen des Rohr-Reitgrases. Es enthält nur wenige Speichen, meist 12 bis 14. Die Nabe ist locker übersponnen. Die Spinne hält sich tagsüber in einer Retraite am Netzrand auf. Die bis handgroßen Netze findet man vom Frühjahr bis in den Spätherbst.

Attrappen im Spinnennetz

Es ist verwunderlich, dass viele Spinnen vor aller Augen im Netz auf Beute lauern. Am ehesten kann man das bei jenen Arten verstehen, die rundum von einem weiträumigen Fadendschungel umgeben sind wie die Baldachinspinnen. Aber auch Radnetzspinnen sieht man oft im Netz. Ganz ungefährlich scheint das aber nicht zu sein, denn es gibt doch einige Strategien der Verteidigung. Viele Spinnen sitzen nur bei Nacht im Netz, viele lassen sich rasch fallen, andere bringen ihr Netz in Schwingung, wieder andere weben Seidenbänder (Stabilimente) ein, die vielleicht den Blick ablenken. Dafür spricht, dass nur solche Spinnen Stabilimente bauen, die ihr ganzes Leben im Netz verbringen.
Einige Spinnen wie die Cyclosa-Arten (unser Bild) hängen in ihrem Netz Klumpen von Fremdkörpern auf, die wohl als Attrappen dienen. Wenn die Spinne dazu noch das Netz zum Schwingen bringt, ist sie zumindest für menschliche Augen nur noch schwer zu erkennen.

Ein Spinnennetz entsteht

Nach ein oder zwei Tagen ist der Leim im Spinnennetz verstaubt oder vertrocknet, und die Spinne muss ein neues Netz bauen. Etwa um die gleiche Tageszeit, die aber von Art zu Art verschieden sein kann, beginnt die Spinne mit der Arbeit. Oft kann sie den alten Rahmen verwenden, oft muss sie auch ganz von vorne anfangen. Dann muss sie zuerst den Rahmen weben. Dazu läuft sie entlang von Halmen oder Zweigen eine ihrer Größe angemessene Runde, führt dabei einen Faden frei an einem Fuße und befestigt ihn an einigen Stellen an der Unterlage.
Manche Spinnen können auch den Luftraum überbrücken und so Netze über Gewässer und zwischen Bäumen bauen. Dazu lassen sie einen Faden fliegen, bis er sich irgendwo verfängt. Sie ziehen ihn straff, verstärken ihn mit weiteren Fäden und benutzen ihn als "Türstock".
Im nächsten Schritt verlängern sie den oberen Querfaden, bis er v-förmig durchhängt. Von der Spitze dieses V ziehen sie einen Faden senkrecht nach unten zum unteren Rahmen. So entsteht ein "Mercedesstern", dessen Mitte später zur Radnabe wird.
Dann werden weitere Speichen eingezogen. Dazu befestigt die Spinne einen Faden in der Netzmitte, führt ihn frei entlang einer Speiche zum Rahmen, läuft ein gemessenes Stück auf dem Rahmenfaden und klebt dann den Speichenfaden an den Rahmen. Die Zahl der Speichen ist einigermaßen arttypisch. Nun wird die Nabe mit einem kleinen Fadengitter zum Ruhen hergerichtet.
Als Nächstes baut die Spinne von innen nach außen eine weite Hilfsspirale. An ihr hangelt sie entlang, wenn sie anschließend, diesmal von außen nach innen, die Fangspirale einzieht. Ihre Fäden sind zunächst mit Klebstoff bestrichen, der rasch zu Tröpfchen zusammenläuft. Die Spinne "recycled" alle Fäden, die nicht mehr benötigt werden, indem sie sie verzehrt.
Das Netz steht nie genau senkrecht, und die Spinne hangelt immer auf der Unterseite. Auch bei größter Eile und im sturmgepeitschten Netz trifft sie mit ihren Fußspitzen stets die Kletterfäden und berührt nie die Klebfäden. Sollte das aber doch einmal geschehen, so ist die Spinne nicht im eigenen Netz gefangen, weil sie stets etwas eingeölt ist.
Von der Nabe aus kann die Spinne Ort und Größe eines Fremdkörpers im Netz ertasten. Bei einigen Arten führt auch ein Signalfaden zu einem Versteck in Netznähe.
Gleich nach dem Verlassen des Eikokons können die bis millimetergroßen Jungspinnen schon ein perfektes Netzchen bauen: Der Plan muss in ihrem winzigen Gehirn auf kleinstem Raum verpackt sein.

Je genauer man das Radnetz untersucht, desto mehr kommt man ins Staunen über die Kenntnisse der Spinne in Physik, Chemie, Architektur und auch Ökonomie: Aufwand und Erfolg sind sehr genau aufeinander abgestimmt. Mindestens 100 Millionen Jahre Erfahrung sind beim Radnetzbau in Benutzung, der übrigens mehrmals im Stammbaum der Spinnen erfunden wurde.

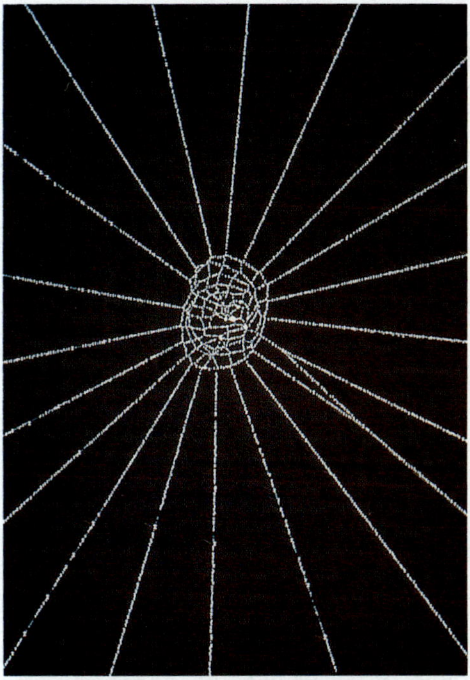

Heideradspinne
Neoscona adianta

Die Spinnen bauen ihr handgroßes Netz mit 30 bis 45 Radien fast senkrecht zwischen hochragende Halme oder bis brusthoch in Büsche in sonniger Lage. Neben dem Netz findet sich eine nach unten offene Retraite.
An allen warmen Tagen reißen die Spinnen am Spätnachmittag gegen 5 Uhr ihr Netz ab und spinnen es von neuem.

Spermanetz einer Streckerspinne

Die urtümlichen Verwandten der Spinnen, die Skorpione, setzen bei der Begattung nach langem Vorspiel einen Samentropfen am Boden ab und führen das Weibchen darüber, so dass es den Samen aufnehmen kann.
Die Spinnen haben dieses Verhalten zweifach verbessert. Erstens weben sie ein spezielles kleines Netz, das sogenannte Spermanetz, und setzen darauf ihren Samentropfen ab. Dann dreht das Männchen sich um und saugt den Samen in seine Taster auf, die dafür mit einem komplizierten und arttypischen Saugapparat ausgerüstet sind. Nun ist das Männchen paarungsbereit und begibt sich bei manchen Arten sogleich auf Partnersuche. Bei den heimischen Streckerspinnen ist das Weibchen schon gefunden, aber es muss warten, bis das Männchen zur Begattung bereit ist.

Netzmitte von Mangora acalypha

Mangora baut von allen heimischen Radnetzspinnen das kunstvollste Netz. Es liegt immer schräg bis fast waagerecht in der Halmschicht in sonniger Lage. Es kann auf der handgroßen Fläche über 60 Radien und ebenfalls 60 Umgänge enthalten und folglich Tausende von Kreuzungspunkten. Auch die Nabe ist mit etwa 10 Umgängen sehr sauber und fein gesponnen. An den Kreuzungspunkten zieht die Spinne die Umlauffäden und die Radien auf einer kurzen Strecke zusammen, so dass ein sägezähniger Verlauf herauskommt, der größte Festigkeit verspricht. Zum Bau des Meisterwerks braucht die Spinne etwas über eine Stunde, wobei sie mit stauenswerter Schnelligkeit ans Werk geht.
Mangora verbringt ihr ganzes Leben im Netz, lässt sich aber bei einer Störung in die Bodenvegetation fallen und hangelt später an einem Sicherheitsfaden ins Netz zurück.

Die Wegfäden der Spinnen

Alle Spinnen ziehen, wo immer sie laufen, einen sogenannten Wegfaden hinter sich her und befestigen ihn immer wieder durch Auftupfen mit den Spinnwarzen am Untergrund. Die Fäden sind der Materialersparnis wegen überaus dünn, aber fest genug, um das Gewicht der Spinnen zu tragen. Trotzdem muss man fragen, wo der Nutzen liegt, der in der überaus sparsamen Natur immer den Aufwand überwiegt. Bei den in Zweigen jagenden Spinnen kann man sehen, dass sie am Wegfaden baumeln, wenn die sich wehrende Beute sie einmal von der Unterlage gerissen hat.

Übernachtungsretraite der Krabbenspinne Synaema globosa

Als Retraite bezeichnet man die Seidensäckchen, in die sich die Spinnen zurückziehen, wenn sie Ruhe brauchen, etwa zur Häutung, zur Jungenaufzucht oder ganz einfach zur Übernachtung. Dazu genügen der Krabbenspinne Synaema schon wenige Fäden, mit denen sie Pflanzenteile um sich her zusammenzieht. Im Bild waren es Blütenblätter einer Margerite. So entsteht keine stabile Schutzhütte sondern eher eine Tarnkappe, die vor Feinden schützt, die nachts umherschleichen und eine Beute ertasten wollen.

Retraite der Eichenlaubspinne Aculepeira ceropegia

Die Spinnen sitzen an schönen Tagen im Netz und an regnerischen in einer nach oben offenen Gespinstschale am Netzrand. Der Zweck dieser Schale ist rätselhaft: Die Spinnen sitzen wie im Schaufenster, die Schale zieht die Blicke geradezu an, und bei Regen kann sich Wasser in ihr sammeln. Man hat schon spekuliert, ob die Schale wie ein Brennspiegel des Licht auf die Spinne werfe und sie damit erwärme. Aber damit ist das Rätsel nicht gelöst. Die Körbchenspinne Agalenatea redii sitzt in einer ganz ähnlichen Schale.

Dornenfinger Cheiracanthium Cheiracanthium punctorium

Die Sackspinnen (Clubionidae), zu denen der Dornenfinger gehört, tragen ihren Namen zu Recht: In der Ruhe, zu den Häutungen und zur Brutpflege halten sie sich in dicht gesponnenen Seidensäckchen auf. Beim Dornenfinger sind sie etwa so groß wie ein Amselei, und man findet sie hoch in Halmen. Im Sommer findet man bei oder in den Säckchen der Weibchen auch die Männchen.
Meist sind die Säckchen allseitig zugesponnen, aber auf eine Störung hin können die Spinnen sie sehr rasch öffnen (wie?), um zu fliehen.

Zeltdachspinne Uroctea durandi

Die reichlich fünfmarkstückgroße Seidenkuppel findet man an der Unterseite hohlliegender Steine im Mittelmeerraum. Sie ist mit 12 Gespinstbändern an der Unterlage befestigt, dazwischen gibt es 6 Ausgänge. Das Dach ist mit Fundsachen aus der nächsten Umgebung wie Steinchen, Holzstückchen und Beuteresten behängt. Innen gibt es eine Zwischendecke, und die Spinne wohnt im "ersten Stock". Von jedem "Türpfosten" führt ein etwa spannenlanger Signalfaden nach draußen. Diese Fäden sind auf kleine Masten gesetzt, so dass sie der Spinne, die in der Kuppel lauert, auch die die kleinste Berührung melden. Sie stürzt dann hervor, fesselt die Beute mit Gespinstbändern und reißt sie in ihre Behausung.

Die Taucherglocke der Wasserspinne Argyroneta aquatica

Die Taucherglocke ist einmalig und einer der bekanntesten Tierbauten überhaupt. Für die Spinne ist sie lebenswichtig, denn nur in trockener Umgebung kann sie ihre Beute mit Magensaft durchkneten und aussaugen.
Zum Glockenbau zieht sie eine Gespinstdecke aus wasserabstoßenden Fäden zwischen Wasserpflanzen und legt einen Wegfaden zur Oberfläche. Dann trennt sie mit gekreuzten Hinterbeinen ein Luftbläschen von der Oberfläche, trägt es unter die Gespinstdecke und streift es dort ab. So wölbt sich mit der Zeit die bis fingerhutgroße Taucherglocke auf.
An der Wand der Taucherglocke findet ein Gasaustausch mit dem Wasser statt, so dass die Spinne tagelang in der Glocke leben kann, ohne Luft zu schöpfen. Mit der Zeit löst sich aber Luft aus der Glocke im Wasser, so dass die Blase schrumpft und der Auffüllung bedarf. Zur Überwinterung spinnt sie die Glocke zu einer rundum geschlossenen Blase zu.
Besonders fest gebaut und mit Wasserpflanzen getarnt ist die Brutglocke. Im oberen Teil enthält sie 2 bis 4 Eikokons und unten, durch eine Decke abgetrennt, wacht die Mutter, entfernt die verbrauchte Luft und füllt mit Frischluft wieder auf.
Die Jungen sind in den ersten Tagen Lufttiere, aber schon für ihre erste Mahlzeit müssen sie eine kleine Taucherglocke bauen.

Falltürspinnen

Der Name ist irreführend; besser wäre "Deckelspinnen", denn diese Spinnen bauen in den Boden führende Erdröhren, die sie mit einem Deckel verschließen. Die Deckel sind vollendet in die Umgebung eingepasst - sie sind die bestgetarnten Tierbauten überhaupt.
Die Spinne gräbt mit ihren Beißzangen, die dafür an einer Kante gezackt sind. Die Deckel werden aus Erde gebaut, die die Spinne mit ausgewürgtem Sekret zu einem Zement verarbeitet und schichtweise mit Seidenfäden zu großer Festigkeit verspinnt. Ein Seidenscharnier macht sie klappbar; Vertiefungen an der Unterseite dienen als Griffe, an denen die Spinne den Deckel bei Gefahr von innen zuzieht.

Fangnetz der Trichterspinne Coelotes terrestris

Während die Trichterspinnen in unseren Kellern als ehemalige Höhlenbewohner bis tellergroße Netze brauchen, um satt zu werden, kommen die verwandten Coelotes-Arten im Wald mit einem Netz in der Größe einer Münze aus. Das Bauprinzip ist aber das Gleiche: Eine Seidendecke führt trichterförmig in eine ausgesponnene, hinten offene Wohnröhre. Tagsüber hält sich die Spinne im Inneren auf, bei Nacht erscheint sie im Eingang, sie verstärkt, repariert oder erweitert ihr Netz. Die Netze findet man in allen Monaten, im Sommer wohnt in manchen ein Spinnenpaar und noch öfter ein Weibchen mit seinen heranwachsenden Jungen.

Retraite einer Ameisenspinne Zodarion sp.

Die Ameisenspinnen fertigen sich für Ruhezeiten an einem versteckten Ort ein kugeliges Gespinst, das sie außen mit allerlei Kleinteilen aus der nächsten Umgebung tarnen. Wie meistens bei Insekten und Spinnen richtet sich die Tarnung nicht gegen neugierige Blicke, sondern gegen Feinde, die mit Tast- und Geruchssinn ihre Beute aufspüren. Die Retraite im Bild ist mit Kotröllchen von Asseln gearbeitet.

Die Retraiten werden jeweils nur einmal benutzt; darum findet man sie im Lebensraum der Spinnen in größerer Zahl unter Steinen, und noch mehr dürften unauffindbar zwischen verrottende Pflanzen gebaut sein.

Retraite einer Sackspinne Clubiona sp.

Die Familie der Sackspinnen (Clubionidae) ist danach benannt, dass die Spinnen sich zur Ruhe, zur Häutung und zur Brutpflege in einem Seidensack einspinnen. Der Sack wird nur einmal benutzt, daher findet man unter Rinde und Steinen und in (nach unten) zusammengerollten Blättern am häufigsten leere Säcke.

Der Sack setzt einem Eindringling kaum Widerstand entgegen, da die Spinne ihre Seide mit größter Sparsamkeit einsetzt, er dient wohl mehr der Tarnung und vielleicht als Frühwarnsystem, denn während sich ein Eindringling an dem Sack zu schaffen macht, beißt ihn die Spinne hinten auf und springt hinaus.

Die Spinnen können mit fabelhafter Geschwindigkeit ihre Gewebe zerreißen und Fäden durchbeißen, obwohl ihre Mundteile zum Stechen und nicht zum Schneiden gebaut sind.

Die Eier werden auf ein breites Seidenband in einem geräumigen Sack abgelegt und dürftig übersponnen, so daß sie noch zu sehen sind. Später findet man im Sack die Mutter mit den Jungspinnen.

Zitterspinne Holocnemus pluchei

Die Zitterspinnen (Familie Pholcidae) leben in unregelmäßigen Raumgitternetzen mit so großen Maschen, dass sie sich mit ihren langen Beinen darin bewegen können. Die Fäden sind nicht klebrig, vielmehr verfängt sich die Beute mit ihren Körperhaaren in unzähligen kleinsten Schlaufen und wird so lange festgehalten, bis die Spinne herangekommen ist und sie mit weiteren Fesselfäden bewirft.
In der Zeit, in der Holocnemus sein Eipaket in den Mundteilen trägt, hält sich die Spinne in einer Art "Kinderstube" auf, die sie mitten in ihr Fangnetz gesponnen hat.

Kinderzelt der Jagdspinne Pisaura mirabilis

Wenn die jungen Jagdspinnen den Kokon verlassen haben, müssen sie noch eine Häutung abwarten, ehe sie Beute manchen können. Sie verbringen die Wartezeit zu einem Klumpen zusammengedrängt im von der Mutter gesponnenen Brutzelt. Auf eine Erschütterung hin rennen sie auseinander, sammeln sich im Lauf der nächsten Stunden aber wieder in der Mitte. Die Jungen ziehen beim Umherkrabbeln nach Spinnenart einen Sicherheitsfaden hinter sich her, der so dünn ist, dass man ihn selber nicht sehen kann, wohl aber das von ihm abgelenkte Licht. Die Gesamtheit der Fäden bildet mit der Zeit einen lichten Schleier über dem mütterlichen Brutzelt.

Spinnenfresser, Eikokon Ero sp.

Die etwa 4 mm dicken Kokons findet man ganzjährig unter lockerer Borke, hohlliegendem Holz oder einfach an Zweigen. Der Faden ist meist zwischen 1 und 2 cm lang. An den kunstvoll gewebten Kokons erkennt man eine durchscheinend weiße Innenhülle und darüber die in Schlaufen gelegte braune Außenhülle, die wohl Feinde auf Distanz halten soll. Für die Jungspinnen ist ein Schlupfloch vorgesehen. Die Kokons werden mit nur wenigen Eiern belegt, ein Zeichen dafür, wie gut die Brut darin geschützt ist. Wenn die Jungen ausgewandert sind, bleiben im Kokon die Hüllen ihrer ersten Häutung zurück. Niemand hat die Spinnen bisher beim Kokonbau beobachtet.

Kinderstube der Springspinne Heliophanus melinus

Springspinnen bauen keine Fangnetze, aber bei der Brutpflege zeigen sie sich als geschickte Weber. Zunächst fertigt das Weibchen einen geräumigen seidenen Sack aus dichtem Gespinst in einer Felsspalte oder zwischen zusammengezogenen Halmen. Der dann gefertigte Eikokon kann im Schutz der äußeren Hülle dürftiger ausfallen.
Die Jungen halten sich im Schutz des Gespinstes auf, bis sie nach einer Häutung selbständig sind, und so lange bleibt auch die Mutter zu ihrer Bewachung bei ihnen, ohne Nahrung zu sich zu nehmen.

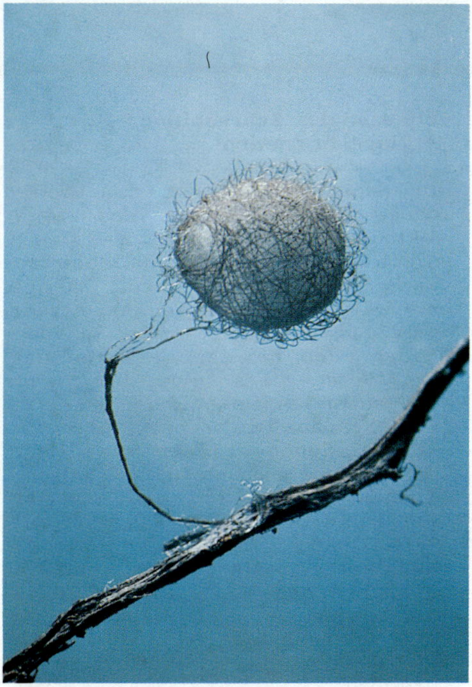

Eikokon der Zebraspinne Argiope bruennichi

Im September beginnt das Weibchen mit dem Bau des etwa walnussgroßen Eikokons. Da sie nicht auf den Fäden balancieren kann wie ein Seiltänzer, hängt sie während der ganzen Arbeit mit dem Rücken nach unten in den Fäden, und der fertige Kokon hat die Form eines auf dem Kopf stehenden Heißluftballons.
Der Kokon der Zebraspinne ist sehr geräumig. In der Mitte liegt der fein umsponnene Eiballen, darüber ein Turm aus dunkler Wolle, und der übrige Raum ist mit Seideflocken gefüllt, während die Hülle pergamentartig fest und in 2 Farben gehalten ist. Der Kokon überwintert frei an Halmen, und erst im nächsten Mai beißen sich die Jungen ein Schlupfloch nach draußen.

Eikokon einer Labyrinthspinne Agelena sp.

Im Frühherbst verlassen die Labyrinthspinnen ihr Fangnetz und spinnen in der Nähe Halme oder Blätter zu einer Kammer zusammen. In ihr hängt an breiten Seidenbändern der Eikokon, der einige Dutzend Eier enthält, weniger als bei den Kreuzspinnen und Zeichen für eine wirkungsvolle Brutpflege. Diese besteht darin, dass die Mutter bis zu ihrem Lebensende im Einest wacht. Die Jungen überwintern im Nest. Manchmal findet man das Einest auch im hinteren, röhrenförmigen Teil des ehemaligen Fangnetzes.

Einest der Jagdspinne Micrommata rosea

Wie die Sack-, Wolf- und Springspinnen fertigen die Jagdspinnen keine Fanggespinste, sondern stellen das Spinnvermögen vor allem in den Dienst der Brutpflege.
Micrommata zieht Blätter zusammen und verspinnt sie zu einem geräumigen Sack, in dem sie ihren Eiballen in einem netzartigen Gespinst aufhängt, bewacht und notfalls sehr energisch verteidigt. Die Jungspinnen halten sich noch einige Zeit nach dem Schlüpfen in dem Einest auf, ehe sie sich zerstreuen.

Eikokon von Tegenaria silvestris

Alle Spinnen umhüllen ihre Eiballen mit Gespinst, das um so dichter gesponnen wird, je mehr die Eier durch Feinde bedroht sind. Am einen Ende stehen die Falltür- und Zitterspinnen, die ihre Eier im elterlichen Netz bewachen, so dass zur Umspinnung ein lockeres Netz genügt. Dürftig umsponnen sind auch die Eier der Sack- und Jagdspinnen, die von der Mutter in einem Versteck behütet werden. Am anderen Ende der Reihe stehen Kokons, die nicht bewacht werden; hierher gehört Tegenaria silvestris. Man findet die Kokons vom Frühjahr an unter lockerer Rinde zerfallender Baumstämme. Sie sind dreilagig: innen Seide, dann ein Erdmantel, dann eine zweite Seidenhülle. Man kann sich vorstellen, dass so ein Kokon den Stichen einer Schlupfwespe widersteht und auch sonst keine gute Mahlzeit abgibt.

Eikokon einer Feenlämpchenspinne Agrocea sp.

Im Sommer findet man auf sonnigen Waldwegen hoch an Halmen etwa erbsengroße Sandklümpchen. Der Sand ist dabei mit Spinnfäden durchwebt. Wenn man ihn entfernt, kommt ein weißer Kokon zum Vorschein, der wiederum durch eine Scheidewand in zwei Kammern geteilt ist: Die obere enthält die Eier, die untere, durch ein zentrales Loch in der Scheidewand mit der oberen verbunden, ist anfangs leer. Wenn die Jungen geschlüpft sind, wandern sie in die untere Kammer und warten dort eine Häutung ab, ehe sie den Kokon aufbeißen, was ihnen nur gelingt, wenn der Erdmantel durch Feuchtigkeit aufgeweicht ist.

Die Feenlämpchenspinnen (Gattung Agroeca) sind nachtaktiv. Zum Kokonbau brauchen sie meist 2 Nächte: In der ersten fertigen sie den weißen Innenkokon, in der zweiten den Erdmantel. Es kommt vor, dass die Spinne die Arbeit nach der ersten Nacht nicht fortführen kann; dann findet man an den Halmen die schneeweißen "Feenlämpchen".
Zuweilen findet man an warmen Tagen auf den Kokons eine Schlupfwespe, die versucht, ihren Legestachel durch den Erdmatel zu treiben. Wenn er durchfeuchtet ist, soll ihr das auch gelingen, eines von vielen Beispielen dafür, wie selten es in der Natur den absoluten Schutz gibt.

Kleine Goldschrecke
Chrysochraon brachyptera

Die meisten Feldheuschrecken versenken ihre Eier im Erdboden, die Goldschrecke als Bewohner von Nasswiesen kann das nicht: Sie knickt mit den Hinterbeinen einen Grashalm und legt ihre Eier in den selbstgeschaffenen Knick. Bei der Ablage schwimmen die Eier in einem Sekret, das die Mutter dann mit Stiften an ihrem Legeapparat zu Schaum schlägt wie mit einem Schneebesen. Der rasch erhärtende Schaum umhüllt schützend die Eier und verkittet die Schenkel des Grashalms.
Das Produkt erinnert an manche Industrieschäume, die bei geringsten Aufwand an Material eine große "eindämmende" Wirkung haben. Wir kennen schallschluckende, wärmedämmende und feuerlöschende Schäume. Der Heuschreckenschaum schützt so wirksam, dass etwa ein halbes Dutzend Schaumpakete mit je 5 oder 6 Eiern genügen, um die Art zu erhalten. Passend dazu verlassen die jungen Heuschrecken erst nach einem halben Jahr, nach der Überwinterung, das Schaumnest. Sie sind für den Schlupf mit einer Stirnblase ausgerüstet, mit deren Hilfe sie sich den Weg freisprengen. Minuten nach dem Schlüpfen streifen sie die nicht mehr benötigte Stirnblase in einer ersten Häutung ab.

Feldgrille Gryllus campestris

Die Junglarven graben sich im Herbst, einige Wochen nach dem Schlüpfen, einen 30 bis 40 cm langen Gang, in dem sie vor Frost geschützt überwintern. Im nächsten Frühjahr erweitern sie diesen Gang, indem sie mit den Kiefern die Erde losbeißen und mit den Füßen wegscharren.
Geschlechtsreife Männchen beißen vor ihrer Röhre einen kleinen "Tanzplatz" frei, auf dem sie, immer zur Flucht in die Röhre bereit, mit der Ausdauer der Grillen musizieren. Es kann auch vorkommen, dass ein Grillenpärchen gemeinsam einen Gang bewohnt.
Wenn man eine Grasähre in den Grillengang einführt, so kann man mit Gefühl und Geduld den Insassen hervorholen, sei es, dass er sich in den Grashalm verbeißt, sei es, dass er ihm mit wütend geöffneten Kiefern folgt.

Maulwurfsgrille Gryllotalpa gryllotalpa

Die Maulwurfsgrille gräbt etwa fingerdicke Röhren oft so dicht unter der Oberfläche, dass sie die Erde über sich aufwölben. Nach Sonnenuntergang erscheinen die Männchen im Höhleneingang zu unermüdlichen Gesängen.
Die Tiere können sich nur unterirdisch begatten, weil sich die Weibchen dabei an den Wänden des Ganges festhalten müssen. Später bewachen sie tief in der Erde in einer kartoffelgroßen Höhle die gelblichen Eier.

Eikokon der Gottesanbeterin Mantis religiosa

Die Kokons in der Größe einer halbierten Walnuss findet man südlich der Alpen oft zahlreich an hohlliegende Steine geklebt. Sie sind bräunlich mit einem hellen Mittelstreif und schaumig leicht. Die meisten sind schon verlassen und vielleicht viele Jahre alt. Bei der Eiablage scheidet das Weibchen zwei Sekrete ab, die es durch heftiges Spreizen von Stäben am Hinterleibsende mischt und schaumig schlägt. Dabei legt es die etwa bananenförmigen Eier ab und rückt langsam voran, so dass die 100 bis 200 Eier in zwei Reihen stehen, eine aus jedem Eierstock. Die Eiablage findet gewöhnlich bei Nacht statt und dauert einige Stunden. Wenig später erstarrt das Sekret, in dem die Eier überwintern.
Die Jungen schlüpfen etwa gleichzeitig und bilden dann über dem Kokon eine dichte Traube. Den Weg aus der schaumigen Masse sprengen sie sich mit einer aufpumpbaren Stirnblase frei. Sie ist Teil einer ersten Larvenhaut, die noch während des Schlüpfens abgestreift wird. Sehr bald zerstreuen sich die Jungen, so dass ihre kannibalische Geschmacksrichtung ihnen nicht gefährlich wird.

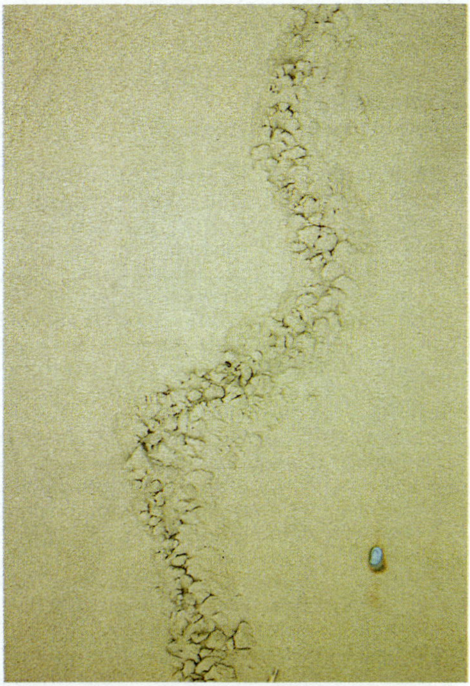

Termitenhügel
Macrotermes bellicosus

Termitenhügel können bis 20 m hoch und ähnlich breit werden und sind damit die größten mit körpereigenen Werkzeugen errichteten Tierbauten überhaupt. In den Savannen Afrikas beherrschen sie mancherorts das Landschaftsbild. Neben intakten Burgen liegen verlassene in allen Stadien des Zerfalls, die ältesten sind nichts weiter als runde helle Flecke auf dem Boden, die den Geologen Rätsel aufgeben.
Meist wirkt der Termitenhügel unbelebt, nur während der Regenzeit öffnen sich für Stunden geheime Pforten und heraus quellen, flankiert von drohenden Soldaten, Heerscharen von geflügelten Geschlechtstieren und starten zum Hochzeitsflug. Die Vögel der Savanne, Perlhühner und Glanzstare, Bartvögel, Tokos und sogar Geier genießen im wörtlichen Sinne das Naturschauspiel, Falken kreisen darüber.
Wo die Geflügelten landen, werfen sie mit einem Ruck die Flügel ab; in den nächsten Stunden sieht man überall Männchen und Weibchen im Gänsemarsch umherlaufen, bis zum nächsten Tag haben sich alle vergraben, um gemeinsam einen neuen Termitenstaat zu begründen. Ihre Chance ist unwägbar klein.
Um Einblick im wörtlichen Sinne in die Termitenstadt zu bekommen, habe ich sie aufgebrochen, eine harte, vielstündige Arbeit, denn die Wände sind etwa so hart wie Gips und vielleicht 20 cm dick. Innen herrscht dann schwüle Treibhauswärme, und die Inneneinbauten sind fast zum Kneten weich.
Hat man eine Bresche geschlagen, so sieht man zunächst nur verlassene Gewölbe, aus der Tiefe dringen aber in Wellen an- und abschwellende Klopfgeräusche und zeigen an, dass sich etwas vorbereitet. Wenig später brodeln aus allen Löchern Tausende von Termiten hervor, jede mit einem Lehmklümpchen in den Kiefern, alle setzen ihre Last gleichzeitig in der geschlagenen Öffnung ab und ziehen sich wieder zurück. Welle auf Welle kommt hervor und mauert vor den Augen des Eindringlings die Bresche wieder zu, schaut man am nächsten Tag vorbei, so sieht der Termitenhügel wieder aus wie zuvor.
Will man die Königin sehen, so muß man in die Tiefe graben, denn sie sitzt seit der Nestgründung am gleichen, unterirdischen Ort. Auf dem Weg in die Tiefe legt man faustgroße Kammern frei, in denen Pilzzuchten gedeihen, man wird von blinden Soldaten gebissen, die mit ihren scherenförmigen Kiefern blutende Wunden schneiden, und schließlich findet man die schwere, brotlaibgroße Königinnenkammer mit kleinen seitlichen Eingängen. Man kann sie leicht in Ober- und Unterteil spalten, und schon liegt die Königin vor einem, ein bis zu bierglasgroßes Wesen, eine schwabbelige, unförmige Masse, gereinigt und gefüttert von Arbeiterinnen, an der vorne hilflos ein winziger Kopf und schwache Beinchen zappeln. Auch der König ist da, ein kräftiges, durchaus rüstiges Insekt, viel größer als die unzähligen wachsweißen Arbeiterinnen und zu groß für die Pforten der Königskammer. Unaufhaltsam quellen Eier aus der Königin, viele 10 000 am Tag.
Stirbt die Königin nach etwa 10 Jahren an Altersschwäche, so ist das Volk nicht verloren, denn es kann neue Geschlechtstiere heranziehen. So hat der Termitenstaat eine Art Unsterblichkeit, und viele mögen älter sein als die

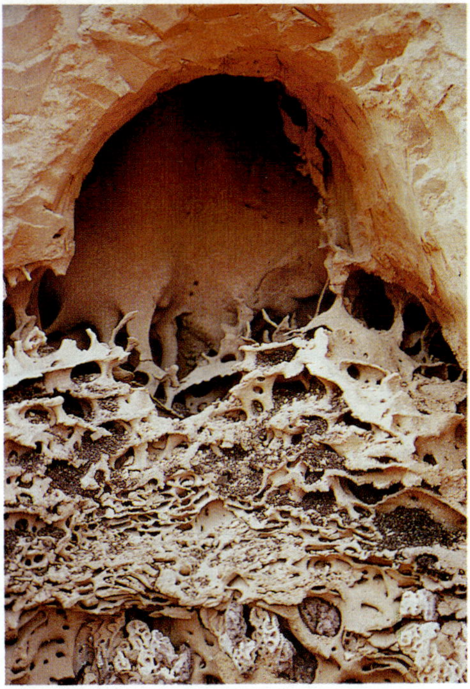

ältesten Staaten der Menschheit. Rund um die Königskammer liegen Räume mit Eibergen und winzigen Larven, dann kommen die Pilzgärten, dazu Speicherräume und Abfallkammern. In die Außenwände eingearbeitet sind Lüftungsschächte, die sich nach außen öffnen, aber keinen Zugang zu den Wohnräumen gestatten. Sie bilden gemeinsam eine Klimaanlage von großer Wirksamkeit. Unter dem Nest führen Brunnenschächte bis ins Grundwasser, wenn nötig bis in 40 Meter Tiefe. Nach allen Seiten strahlen unterirdische Laufgänge und weiter draußen auch überdachte Straßen aus, auf denen Arbeiterinnen die Nahrung herbeischaffen.
Ähnlich wie im Bienenstaat ist es auch hier völlig rätselhaft, wie eine winzige blinde Termite an ihrem Ort eine Bauleistung vollbringt, die wie ein Puzzle-Stein zu den Werken der anderen Arbeiterinnen passt, so dass im ganzen ein harmonischer, zweckmäßiger Bau zustande kommt.

Fangtrichter eines Ameisenlöwen

Die Larven der Ameisenjungfern (Myrmeleonidae) nennt man Ameisenlöwen. Die heimischen Arten leben in selbstgegrabenen Fangtrichtern von bis 10 cm Durchmesser und, je nach Schüttwinkel des Sandes, bis 4 cm Tiefe. Man findet die Trichter an regengeschützten Orten in Feinsand, seltener auch in von Lehmwänden oder Gemäuer abrieselndem Staub und im Wurmmehl am Fuß morscher Bäume. Der Trichterbau ist im Sandkasten leicht zu beobachten. Die gedrungenen Larven bohren sich dabei rückwärts in engen Kreisen in den Boden und werfen mit ihrem schaufelartig flachen Kopf den Sand nach hinten oben aus der Grube. Schon die frisch

Termitengalerien

Die überdachten Gänge der Termiten und Ameisen werden als Galerien bezeichnet. In Tropenwäldern führen sie an Baumstämmen bis zu dürren Ästen, die den Termiten als Nahrung dienen. Manche Galerien überziehen netzartig den ganzen Stamm. Bricht man ein Fenster in die Galerie, so sieht man die wachsweißen Termiten in dichten Ketten dahinströmen. Sehr bald wird die Öffnung wieder verschlossen, indem Arbeiterinnen in eigenartigem Rhythmus, fast wie mit "Hau-Ruck-Rufen", Erdklümpchen an den Rändern der Öffnung ankleben.
Mit der Zeit schaffen die Termiten große Mengen Erde aus der Tiefe an die Oberfläche und helfen mit, die Naturlandschaft zu gestalten.
Foto: Dieter Frank.

geschlüpften Larven bauen ihren ersten winzigen Trichter.
Die Tiere können den Trichter verlassen und rückwärts rutschend umherkriechen, wobei sie eine verschlungene Furche in den Sand ziehen.
Ameisenlöwen können nur in ihrem Trichter Beute machen. Läuft ein Tier in den Trichter, so rutscht es ab und wird gepackt. Versucht es zu entkommen, so wirft der Ameisenlöwe Sandgarben in die Höhe, die auf der Schräge einen Sandrutsch auslösen, der ihm noch eine Chance gibt. Hauptbeute sind Ameisen.
Ameisenlöwen haben eine mehrjährige Entwicklung; daher findet man ihre Trichter in der ganzen warmen Jahreshälfte. Wo sie leben, können sie ganze Trichterfelder bilden.
In Südeuropa leben auch Ameisenlöwen, die keine Trichter bauen, sondern einfach im Sand vergraben auf Beute lauern.

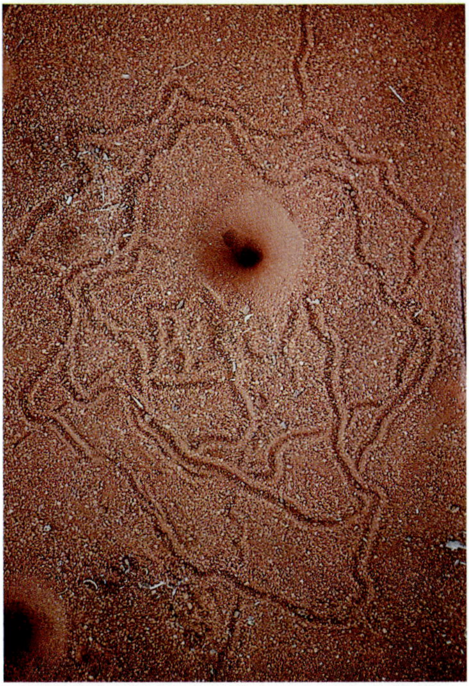

Ameisenjungfer, Puppenwiege

Ameisenlöwen haben Spinndrüsen, die am Hinterleibsende münden, benutzen sie nur einmal im Leben: beim Anfertigen der Puppenwiege. Dazu vergraben sie sich in tiefere Sandschichten und spinnen, sich drehend und wälzend, einen kugelförmigen Kokon mit eingewebten Sandkörnchen. Die Puppe ist, passend zu ihrem sicheren Ort, sehr zart gebaut, hat aber kräftige harte Kiefer und freie Gliedmaßen. Wenn sie reif ist zur Verwandlung, zeigt sie sich recht beweglich: Sie beißt den Puppenkokon auf, gräbt sich zur Erdoberfläche und ersteigt einen Halm. Erst dort, wo man die Flügel strecken kann, häutet sie sich zur fertigen Ameisenjungfer.

Florfliegenlarve Dichochrysa sp.

Florfliegenlarven aus mehreren Gattungen leben unter einem tragbaren Schild aus verschiedenen Fremdkörpern wie den ausgesaugten Hüllen der Beutetiere, Pflanzenwolle und Rindenteilchen, die sie an büschelig auf dem Rücken stehenden, hakig gebogenen "Angelhaaren" befestigen.
Die "Tarnkappe" dürfte vor Vögeln schützen, die ihre Nahrung mit den Augen suchen, wie auch als Schutz gegen Raubinsekten, die mit Tast- und Geruchssinn jagen. Später wird die Tarnkappe noch in den Puppenkokon eingewoben.

Florfliegeneier

Wenn die Bauern früher ihre Speckseiten vor der Hausmaus schützen wollten, so brauchte man sie nur aufzuhängen, denn "die Maus beißt keinen Faden ab."
Es gibt eine ganze Reihe von kleinen Tieren, die sich zur Ruhe irgendwo aufhängen, das ist offenbar ein guter Schutz vor Feinden, die nicht mit den Augen suchen, und dazu gehören zum Beispiel alle räuberisch umherstreifenden Insekten. Sie kommen nicht auf die Idee, an dem Faden hochzuklettern.
Viele Florfliegen, etwa die Chrysopa-Arten, legen ihre Eier einzeln an Pflanzenteile, und zwar am Ende eines halb körperlangen Fadens. Dazu presst das Weibchen erst ein Tröpfchen eines fadenziehenden Sekrets auf die Unterlage und zieht es dann durch Heben des Hinterleibs zu einem Faden aus. Dann wartet das Weibchen, bis der Faden erstarrt ist, und klebt ein Ei an jedes Fadenende.
Die überall herumstöbernden Ameisen ersteigen diese Fäden nicht, und vielleicht können sie das auch gar nicht.
Die Eiruhe dauert etwa 2 Wochen, in denen sich das Ei verfärbt und den Embryo durchscheinen lässt. Schließlich schlitzt er mit einem Eisprenger die Eihülle auf, macht, noch in der Eischale steckend, eine erste Häutung durch und klettert dann am Faden abwärts, um sein Räuberleben zu beginnen.

Florfliegengelege
Notochrysa sp.

Manche Florfliegen, etwa aus der Gattung Notochrysa, legen ihre Eier nicht einzeln ab, sondern zu einem Strauß gebündelt. So geben sie Antwort auf die Frage, wie man ein wertvolles Gut über eine gfährliche Zeit hinwegbringen kann, etwa eine Gemäldesammlung hat, etwa eine Gemäldesammlung über einen Krieg. Soll man die Wertgegenstände auf viele Orte verteilen oder an einem Ort lagern? Das Naturexperiment der Florfliegen gibt die Antwort: Statistisch gesehen ist es egal, das Risiko ist in beiden Fällen gleich hoch.

Florfliegenpuppe

Die Larven der Netzflügler, zu denen neben den Florfliegen auch die Schmetterlingshafte, Ameisenlöwen und einige Splittergruppen gehören, scheiden vor der Verpuppung am Hinterleibsende Fäden aus und spinnen mit dem Hinterleib einen hautengen, dicht gewebten, kugel- bis kurz eiförmigen Kokon, in dem sie zusammengerollt die Verpuppung erwarten, die manchmal erst nach der Überwinterung erfolgt.
Die Puppe ist mit freien Gliedmaßen und beißenden Mundteilen ausgerüstet. Nach einer Verwandlungszeit von etwa 3 Wochen beißt sie an einem Pol einen Deckel ab und schlüpft heraus, um sich nach etwa einer halben Stunde in die fertige Florfliege zu verwandeln.

Mückenlarve
Keroplatus reaumurii
Familie Keroplatidae

Die wurmförmigen Larven mit voll entwickelter Kopfkapsel findet man unter sehr feuchtem nassem Holz in Moor- und Auwäldern, wo sie feine Netze spinnen, mit denen sie zarte Insekten erbeuten und Pilzsporen festhalten. Sie können in ihren Netzen flink vorwärts und rückwärts kriechen. Die Netze sind mit ihrem giftigen Speichel getränkt, in dem Kleintiere schnell sterben.
Der Fettkörper der Larven leuchtet, wenn auch so schwach, dass man das Licht nur mit empfindlichen Detektoren nachweisen kann.

Mückenpuppe
Keroplatus reaumurii

Keroplatus gehört zu einer Mückenfamilie, die mit knapp 100 Arten in Mitteleuropa vertreten ist. Die Kokons findet man unter Fallholz in sehr feuchten Lagen. Sie bestehen aus einem schaumigen, farblosen Sekret und sind am Fundort gewöhnlich dicht mit Tautropfen besetzt.
Die Sommerpuppen entlassen nach wenigen Wochen, die Herbstpuppen nach der Überwinterung die unscheinbaren, bis 15 mm langen Mücken.

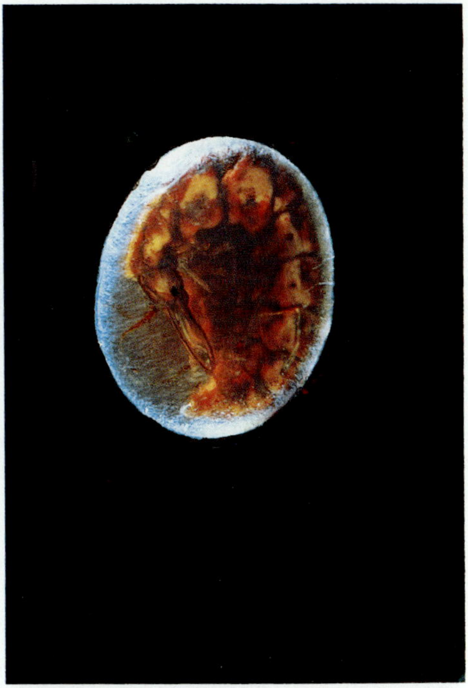

Wohnröhren der Zuckmücke Chironomus plumosus

Die durchsichtig roten Larven der plumosus-Larven leben im Bodenschlamm nährstoffreicher Gewässer von der Wagenspur bis zum See. Sie verspinnen Schlammpartikel zu U-förmigen Röhren, deren Enden bis zentimeterhoch über den Schlammgrund ragen. Innen spinnt die Larve ein Netz, hinter dem sie mit schlängelnder Bewegung einen Wasserstrom durch die Röhre pumpt. Schwebstoffe bleiben im Netz hängen und werden verzehrt. Die Larven verpuppen sich in den Röhren, und während der Puppenruhe verblasst die Rotfärbung. Auch die Puppen müssen Atemwasser durch die Röhre pumpen.

Puppenköcher der Kriebelmücke Simulium sp.

Die Kriebelmückenlarven leben in großer Zahl an Steinen und Pflanzen in rasch strömendem Wasser, wo sie sich, Bergsteigern in der Steilwand vergleichbar, nur angesponnen bewegen können. Die Puppe hat die Spinnfähigkeit verloren, aber die Larve hat vorgesorgt: Sie spinnt vor der Verpuppung einen gegen die Strömung offenen Puppenköcher, aus dem die Puppe nicht herausgespült werden kann, den die schlüpfende Mücke aber leicht verlassen kann.

Wohnröhren von Zuckmückenlarven der Gattung Rheotanytarsus

Die Larven leben in fließendem Wasser. Hier errichten sie auf Steinen oder an Zweigen gegen die Strömung offene Wohnköcher aus Gespinst und Schlammpartikeln. Die Köcher tragen außen 4 oder 5 Längsleisten, die den Köcher frei überragen. Zwischen die Stangen spinnt die Larve klebrige Fäden, die sie später mit den daran hängenden Schwebstoffen verzehrt.

Fangtrichter des Wurmlöwen Vermileo sp.

Fallgruben im Lockersand wurden von 2 Insektengruppen erfunden, von den Larven der Ameisenjungfern, bei denen man sich gut vorstellen kann, wie aus dem im Sand vergrabenen Auflauerer ein Fallgrubenbauer wurde, und zweitens von den Wurmlöwen. Das sind Mückenlarven, deren Verwandte in feuchter Erde verrottende Pflanzen fressen.
Die Trichter der Wurmlöwen findet man von Juni bis September in Feinsand an regengeschützten Orten. Rutscht ein Tier in den Trichter, so wird es vom Wurmlöwen etwa nach Art der Riesenschlangen umschlungen und ausgesaugt. Sucht es zu entkommen, so schleudert der Wurmlöwe Sandgarben hinterher, die das Opfer vielleicht in den Greifbereich des Räubers zurückreißen - das ist ebenfalls eine Erfindung der Ameisenlöwen. Heimisch im Mittelmeerraum.

Buchengallmücke, Galle
Micicola fagi
Fam. Itoniidae (Cecidomyiidae)
Gallmücken

Die bis 10 mm hohen und meist rötlichen Gallen entwickeln sich bis zum Herbst auf der Oberseite von Buchenblättern und gelangen mit dem Laubfall in die Bodenstreu. In der geräumigen Larvenkammer lebt eine im Alter rote Larve, die in der Galle überwintert und sich im Frühling verpuppt. Nach bis zu dreiwöchiger Puppenruhe schlüpft die Mücke im April zu ihrem 3 bis 4 Tage währenden Leben. Die sonst samenharte Galle besitzt am Boden eine Schwachstelle, die über Winter verwittert, so dass selbst die zarte Mücke mühelos ins Freie gelangen kann.

Didimomyia reaumuriana, Galle
Familie Itoniidae, Gallmücken

Die kegelförmigen Gallen entwikkeln sich von Mai bis Juli auf der Oberseite von Lindenblättern. Sie erreichen eine Breite von 8 und eine Höhe von 4 mm. Im Sommer löst sich ein etwa fingerhutförmiger Kern, die Innengalle, ab und läßt einen Krater zurück. Im Frühjahr sprengt die harte Innengalle einen Deckel ab und gibt der zarten Mücke so den Weg frei.

Urophora cardui, Galle
Familie Tephritidae, Bohrfliegen

Unter dem Einfluß der Larven entwickelt sich im Stengel der Distel (meist in Ackerkratzdistel, seltener auch in Kohldistel) eine etwa walnußgroße Galle, die anfangs frischgrün ist, später aber verholzt. In ihrem Inneren leben in getrennten Zellen meist 3 bis 4, selten auch 1 bis 9 Fliegenlarven. Die erwachsenen Larven überwintern und verpuppen sich im Frühjahr in der Galle. Nur jene Fliegen können schlüpfen, deren Gallen bis zur Schlupfzeit zerfallen sind.

Gangminen der Dungfliege
Hydromyza livens

Die Larven nagen in Seerosenblättern einen Gang, der nahe an der Mittelader beginnt und nach einem Rundweg durch das Blatt wieder in die Mittelader zurückführt. Von hier aus nagt sich die Larve etwa 5 cm weit in den Stengel, wo sie sich verpuppt. Es ist staunenswert, dass die Larve, wo immer im Blatt sie sich aufhält, den Weg zurück in den Stengel findet.
Entlang der Bohrgänge beginnt das Blatt zu faulen, und es entstehen Risse in der Blattfläche.

Phytomyza ranunculi, Mine
Fam. Agromyzidae, Minierfliegen

Die Anwesenheit der 2 bis 3 mm langen Fliegen verrät sich durch die Gangminen auf der Oberseite von Hahnenfuß und Buschwindröschen. Die Larven, die sich bis Juni entwickeln, ergeben nach etwa 2 Wochen die Fliegen; die sich später entwickelnden Larven verpuppen sich teils innerhalb, teils außerhalb der Mine, und die Puppe überwintert.

Überall zusammen mit Hahnenfuß.

Phytomyza ilicis, Mine
Familie Agromycidae, Minierfliegen

Die Larve erzeugt in den Blättern der Stechpalme (Ilex) eine unregelmäßig geformte Platzmine. Sie beginnt damit im Spätherbst, überwintert in dem immergrünen Blatt und verpuppt sich im Frühling in der Mine. Flugzeit April und Mai.

Zusammen mit der Stechpalme verbreitet, auch wo diese nur in Parks und Gärten vorkommt.

Phytomyza minuscula, Mine
Fam. Agromyzidae, Minierfliegen

Die Gangminen von minuscula finden sich von Juni bis zum Laubfall in den Blättern von Akelei und Wiesenraute, die beide zu den Hahnenfußgewächsen gehören. Die letzten Larven verlassen ihre Minen im September, um sich am Boden zu verpuppen und zu überwintern. Die schwärzlichen, nur rund 1,5 mm langen Fliegen sind an ihrem rundlichen 3. Fühlerglied kenntlich, das eine Borste trägt, die doppelt so lang ist wie die Fühler. Mit den Futterpflanzen verbreitet.

Phytomyza lappae, Mine
Fam. Agromyzidae, Minierfliegen

Die Weibchen stechen ihre Eier in die Unterseite von Klettenblättern, die Larven bohren sich zur Oberfläche durch und nagen Gänge, die oft dem Verlauf der Blattrippen folgen. Meistens leben mehrere bis zahlreiche Larven in einem Blatt, und ihre Gänge überkreuzen sich hier und da. Besetzte Minen findet man in mehreren Generationen von Juni bis September, die Puppen ruhen am Boden, und die Herbstpuppen überwintern. Die Fliegen sind 2 bis 3 mm lang.

Domomyza frontella, Mine
Fam. Agromyzidae, Minierfliegen

Die Larven minieren in den Blättern von Schneckenklee (Medicago), wo ihre Gangmine erst dem Blattrand zur Spitze folgt und sich dann stark erweiternd entlang der Mittelrippe ins Blattinnere wendet. Zur Verpuppung lassen sich die Larven zu Boden fallen. Die Fliegen erscheinen in zwei Generationen im April und Mai und wieder vom Juli bis September.
In Europa inselhaft verbreitet.

Phytomyza xylostei, Mine
Familie Agromyzidae, Minierfliegen

Die Larven minieren auf der Oberseite der Blätter von Heckenkirsche und anderen Lonicera-Arten. Ihr Gang ist kurz, nicht verästelt und enthält in der Mitte ein unklares Band aus Exkrementen. Die erste Generation lebt im Mai und Juni, die zweite im Juli und August. Zur Verpuppung lassen sich die Larven auf den Boden fallen.
Überall zusammen mit Lonicera verbreitet.

Liriomyza amoena, Mine
Fam. Agromycidae, Minierfliegen

Die Larven minieren in den Blättern von Holunder und kommen überall vor, wo es Holunder gibt. Die Mine beginnt meist mit einem stumpfen Gang und endet in einem erweiterten Platz am Blattrand. Die Fliegen erscheinen im Juni und Juli und in zweiter Generation im August und September. Von ihren Verwandten sind sie zu unterscheiden durch 6 Borstenreihen auf der Brust.

Staublaus Stenopsocus immaculatus
Ordnung Copeognatha, Staubläuse

Die zarten, etwa 2 mm langen Tiere treten von Juli bis September an der Unterseite von Lindenblättern in Erscheinung. Sie spannen dort über Senken der etwas welligen Blätter durchscheinende Gespinstschleier, wobei sie rundum Pforten freilassen. Die Tiere leben unter diesen Decken und fertigen dort auch ihre Gelege, die sie mit einem etwas dichteren Gespinst überziehen.
Man hat über den Nutzen der zarten Gespinste spekuliert, ob sie für eine höhere Luftfeuchtigkeit sorgen sollen oder wie das Netz von Seilartisten die Tierchen vor dem Herabfallen schützen sollen. Aber wenn sie nur eine Ameise vom Angriff abhalten, so ist das ja schon ein Erfolg.

Schaumnest der Schaumzikaden

Zikaden saugen Pflanzensäfte und müssen, um genügend Eiweiß zu bekommen, das in großen Überschuss aufgenommene Wasser wieder ausscheiden. Die Larven der Schaumzikaden fügen ihm ein Wachs zu und ein verseifendes Enzym, das es in eine Seife umwandelt. Dann blasen Sie noch verbrauchte Atemluft in die Flüssigkeit, und so entsteht ein Schaumballen, aus dem von Zeit zu Zeit Flüssigkeit zu Boden tropft.
Im Inneren herrschen ähnliche Bedingungen wie unter Wasser, so dass die Atemorgane der Larve wie die eines Wassertiers ausgebildet sind. Zum Atmen streckt die Larve ihr Hinterleibsende aus der Schaumhülle.

Der Schaum, der aus so billigen Rohstoffen so einfach herzustellen ist, bietet einen fast perfekten Schutz, so dass sich die Larve im Inneren eine Zartheit leisten kann, wie man sie sonst nur bei Höhlentieren antrifft. Der Schaum muss aber ständig neugebildet werden, und er ist seiner Natur nach nicht transportabel.
Mit der Vorbereitung der letzten Häutung stellt die Larve die Schaumherstellung ein, und der Schaum beginnt zu zerfallen. Noch im Schutz des zerfallenden Schaums häutet sich die Larve zur fertigen Zikade, die nun robust gebaut ist und für die Fortpflanzung und Verbreitung der Art sorgen kann.

Köcherfliege Limnephilus sp.

Gleich nach dem Schlüpfen bauen sich die Köcherfliegenlarven ihren ersten Köcher, der dann beim Heranwachsen vorne weitergebaut und hinten abgebissen wird. Stillwasserarten lassen sich im Aquarium halten, und dann kann man zuschauen, wie die Larve Pflanzenstengel in der passenden Länge abbeißt, mit den Füßen in die richtige Lage bringt und dann mit Spinnfaden befestigt.
Oft verwenden Junglarven andere Baustoffe als ältere und ordnen sie auch anders an. Anhand der Köcher kann man die meisten Larven bis zur Gattung bestimmen. Typisch für Limnephilus ist die Querverarbeitung und die ungefähre Größe der Bauteile.
Die Köcher bieten keinen perfekten Schutz: Große Fische verschlucken die Larve samt Köcher, Libellenlarven ziehen sie heraus, wenn sie sie am Kopf zu packen kriegen.

Köcher der Köcherfliege Agapetus sp.

Die von oben wie ein Steinhäufchen aussehenden Köcher sind raffiniert gebaut: Beide Öffnungen liegen auf der Unterseite, so dass die Larve Algenbeläge von Steinen schaben kann, ohne dem Feind eine Blöße zu geben. Beide Öffnungen sind gleich, und der Kopf der Larve kann in beiden erscheinen. Um die Öffnungen liegt ein Ring aus locker versponnenen Sandkörnern, mit denen ein Angreifer die Öffnung zudrückt, falls er einzudringen versucht.
Ein solcher Köcher lässt sich nicht einfach mit dem Wachstum der Larven vergrößern. Darum baut die Larve nach jeder Häutung einen neuen Köcher. Auch die fertige Köcherfliege könnte nach dem Schlüpfen den Köcher nicht verlassen. Darum beißt die Larve vor der Verpuppung den Unterteil des Köchers ab und spinnt die Kuppel rundum an einen Stein.

Puppenköcher der Köcherfliege Odontocerum albicorne

Albicorne in Bächen und Flüssen baut ihren Köcher aus Sandkörnern mit unverwechselbarer Technik. Während andere Arten den Köcher innen mit Seide austapezieren, lässt diese Art die Steine innen frei und verspinnt nur die Fugen mit kurzen Seidenbändern. Auch das Hinterende verschließt sie nicht mit einer gesponnenen Siebmembran, sondern mit einem lückig eingepassten Steinchen.
Zur Verpuppung spinnt Albicorne den Kokon am Gewässergrund an und verschließt das Vorderende mit einem Stein der passenden Größe.

Puppengehäuse der Köcherfliege Odontocerum albicorne Innenansicht

Vor der Verpuppung verschließt die Larve den Vordereingang ihres Köchers mit einem angesponnenen Stein.
Albicorne ist sicher über die Innenseite des Köchers zu bestimmen: Hier sind die Sandkörner durch Seidenbänder zusammengesponnen. In die hintere Öffnung hat die Larve als Verschluss ein Steinchen eingewebt. Der Köcher lässt sich nicht biegen, wohl aber knicken.
Häufig in Fließgewässern mit steinigem Grund.

Köcherfliege Lepidostoma hirtum

Im Winter, wenn die meisten Wasserpflanzen zerfallen sind, leben viele Köcherfliegenlarven am Gewässergrund und finden dort Sand und Steinchen als Baumaterial für ihre Köcher. Im Frühjahr, wenn die Larven in die Krautschicht aufsteigen, müsssen sie pflanzliche Baustoffe verwenden. Besonders schön zeigen das die Larven vom Lepidostoma. Im Winter, wenn am Gewässsergrund das Leben langsam weitergeht, bauen sie drehrunde Köcher aus Sand. Mit dem Aufstieg in die Pflanzen im Frühjahr ändern sie mit dem neuen Baumaterial auch ihre Architektur: Jetzt bauen sie im Querschnitt quadratische Köcher aus rechteckig ausgeschnittenen Blattteilen.
Der hintere, aus Sand gebildete Köcherteil fällt später ab, oder die Larve beißt ihn weg.

Jugendköcher der Köcherfliege Brachycentrus subnubilus

Brachycentrus baut in ihrer Jugend einen der schönsten Köcherfliegenköcher. Er besteht vor allem aus Seidenlagen, ist aber außen mit viereckig zurechtgebissenen Plfanzenteilen besetzt, so dass ein im Querschnitt viereckiges Gehäuse entsteht. Im letzten Kleid spinnen sie einen mehr runden Gespinstköcher, der eher spärlich mit Streifen aus Pflanzenteilen belegt ist.
Brachyzentrus lebt halb sessil: Die meiste Zeit verbringen die Larven irgendwo angesponnen und fischen mit ihren Beinen nach vorbeitreibender Nahrung.

Puppenköcher der Köcherfliegenlarve Rhyacophila

In der Köcherfliegengattung Rhyacophila bauen die Larven keinen Köcher, aber vor der Verpuppung erwacht ihr Bauinstinkt. Sie scharren Steinchen von gewählter Größe zusammen und spinnen sie unter einem Stein zu einer lückenlosen Schale zusammen. Unter dieser Schale fertigen sie einen schwer zerreißlichen, durchscheinend braunen und rundum geschlossenen, aus nur einem Faden bestehenden Puppenkokon. Vorrichtungen für die Frischwasserzufuhr sind nicht vorgesehen, sie sind im Lebensraum der Larven, sauberen, rasch fließenden Gewässern, auch nicht nötig. Die Puppe ist aber mit festen, scherenartigen Mandibeln ausgerüstet, die sie nur einmal im Leben braucht, um ihren festen Puppenkokon und das Steingehäuse aufzubrechen.
Die Puppen liegen oft in größerer Anzahl zusammen, vielleicht, weil sich viele Larven für den einen, für sie besten Verpuppungsort entscheiden.

Puppenköcher der Köcherfliege Oxyethira sp.

In der Gattung Oxyethira fertigen die Larven Köcher flach wie ein Brillenetui. Sie bestehen nur aus einem verleimten Sekret und sind daher durchsichtig wie gefärbtes Glas.
Wie alle Köcherfliegen befestigen die Larven vor der Verpuppung ihr Gehäuse an der Unterlage, in diesem Fall gewöhnlich an der Unterseite eines Seerosenblattes. Dazu vertäuen sie es an den 4 Ecken mit je einem Fächer aus Seidenfäden, ähnlich, wie man ein Transportgut auf dem Dach eines PKW verschnürt.

Siebmembran einer Köcherfliegenpuppe

Köcherfliegenlarven spinnen ihren Köcher vor der Verpuppung an eine Unterlage und verschließen beide Öffnungen. Die Arten der trägen und stehenden Gewässer müssen auch in der Zeit der Puppenruhe für Frischwasser sorgen. Dazu spinnen sie an beiden Enden einen durchbohrten Deckel, die sogenannte Siebmembran. Bei manchen Arten ist der Deckel wirklich siebartig, bei anderen trägt er ein zentrales rundes Loch, eine Lochreihe oder einen Spalt.
Die Puppe besitzt an ihren Mandibeln eine Haarbürste, mit der sie die vordere Siebmembran offen hält, und am hinteren Ende trägt sie 2 dünne Stäbe oder eine Haarbürste für den gleichen Zweck.
Die Puppe selber kann sich auch körperlich keine "Puppenruhe" gönnen. Sie benützt ihren Körper als Kolben in einem Zylinder, um Frischwasser durch ihren Köcher zu pumpen. Sogar an die "Kolbenringe" ist gedacht: Der Hinterleib der Puppe trägt Haarsäume, die den Spalt zwischen Puppe und Köcher abdichten.

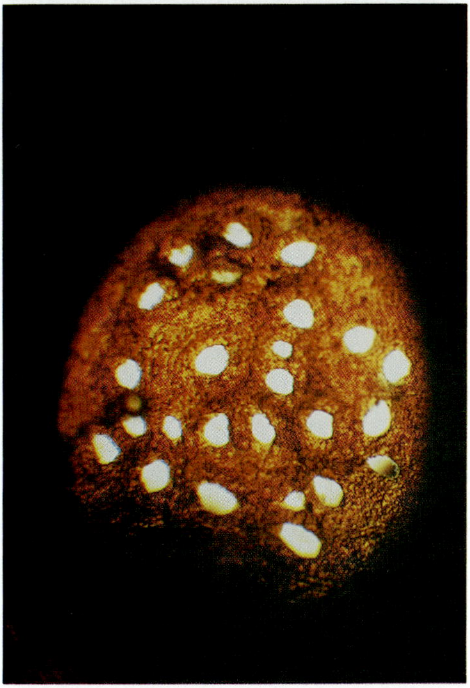

Wohnröhren eines Tarsenspinners

Die bis 2 cm langen Tarsenspinner bilden eine eigene Ordnung (Embioptera) unter den Insekten. Das innerste Glied ihrer Vorderfüße ist blasig aufgetrieben und enthält Spinndrüsen, mit deren Sekret sich die Tarsenspinner unter Steinen und in Erdspalten fein gesponnene, weißliche Laufgänge weben, in denen sie geschickt vorwärts und rückwärts laufen. Gewöhnlich findet man in den Wohnschläuchen nur Weibchen mit ihren Jungen. Mehrere Arten leben im Mittelmeerraum.

Gelege des Wasserkäfers Sperchus emarginatus

Die Wasserkäfer, deren bekanntester der Kolbenwasserkäfer ist, umhüllen ihre Eieglege mit einem Gespinst, das aus Drüsen im Hinterleib ausgeschieden wird. Das austretende Spinnsekret wird vom Käfer mit zwei wie Pinsel geführten Spinnstäben zu Fäden ausgezogen, die rasch erstarren. Das Sperchus-Weibchen fertigt mit seinem sehr beweglichen Spinnapparat ein filziges Körbchen an den Hinterbeinen. Da hinein legt es wohlgeordnet seine Eier und verschließt es mit Gespinstwatte. Dieses Eipaket tragen die Weibchen, an den Beinen angesponnen, bis zum Schlüpfen der Jungen mit sich herum.

Sandlaufkäferlarve Cicindela campestris

Die Cicindela-Larven bauen in vegetationsfreien, sandigen oder torfigen trockenen Böden bis bleistiftdicke und bis 40 cm tiefe sauber rund gearbeitete Schächte. Rund um die Schächte gibt es keinen Aushub, weil die Larve beim Graben mit Kiefern und Beinen das Erdreich in die Schachtwand einpresst. So kann sie auch im Lockerboden dauerhafte Röhren bauen.

Der Körper der Larve ist verletzlich und weiß wie bei Höhlentieren, nur der Kopf ist hart und deckelartig flach. Mit ihm verschließt sie die Röhre, wenn sie auf Beute lauert. Sie kann sich aber auch in der Röhre umdrehen, etwa um in der Tiefe zu graben. Das Kinn der Larve ist hart, halbkugelig und glatt. Mit ihm glättet sie die Innenwand der Röhre.

Die Larven können nur in der Röhre überleben; darum bauen sich gleich nach dem Schlüpfen aus dem Ei die erste, noch winzige Röhre.

Eikokon des Kolbenwasserkäfers Hydrous piceus

Die meisten Wasserkäfer (Familie Hydrophilidae) umhüllen ihre Gelege mit einem weißen Gespinst, das am Hinterleibsende ausgeschieden und mittels 2 beweglicher Spinnstäbe versponnen wird. Manche Käfer können damit sogar ihre Brust erreichen. Der Kolbenwasserkäfer fertigt in mehrstündiger Arbeit ein haselnussgroßes Eischiffchen unter schwimmenden Blättern. Dabei dient ihm der eigene Hinterleib als Form, die übersponnen wird. In den Gespinstsack legt er etwa 50 Eier, füllt den Raum mit Watte, verschließt ihn und setzt dann noch einen locker gesponnenen Kamin an, der neben dem Schwimmblatt aus dem Wasser ragt. Vermutlich dient er der Luftzufuhr.

Pillendreher mit Mistkugel

Die Pillendreher leben mit zahlreichen Arten im Mittelmeerraum. Die bis 2 cm langen Käfer fliegen mit viel Gebrumm in der Mittagshitze umher und landen minutenschnell bei frischen Exkrementen. Sofort machen sie sich ans Werk: Sie schneiden mit dem als Spaten dienenden Kopfschild und den zum Graben tauglichen Vorderbeinen einen ordentlichen Klumpen Mist aus, vermessen mit den bogig gekrümmten Hinterbeinen, und rollen ihn hastig davon, um ihn irgendwo zu vergraben. Unterwegs entsteht durch das Rollen die Mistkugel. Ist sie schließlich in Sicherheit vor Konkurrenten und Austrocknung so wird sie verzehrt oder als Larvennahrung zubereitet.

Puppenwiege des Fichtenbocks Tetropium castaneum

Die Weibchen der holzbohrenden Bockkäfer schieben ihre Eier in Rindenritzen; die Larven fressen dann zunächst in der Rinde (im Bast) und später in den obersten, noch saftigen Holzschichten (im Splint). Von ihrer schwer verdaulichen eiweißarmen Nahrung verwerten sie nur das Wenigste, darum bleibt der Fraßgang hinter ihnen vollgestopft mit Bohrmehl. Später nagen manche Arten tiefer im Holz, und zur Verpuppung ziehen sich die meisten dorthin zurück, indem sie einen Gang erst waagerecht ins Holz und dann umknickend senkrecht nach unten nagen - der allen Forstleuten bekannte Hakengang. Hier ruht die Puppe mit dem Kopf zum Eingang. Der Jungkäfer nagt sich durch den Bohrmehlpfropf und die Rinde ein - je nach Art - ovales bis kreisrundes Schlupfloch ins Freie.

Fraßbild von Anthaxia 4-punctata
Familie Prachtkäfer, Buprestidae

Die Larven leben von allem in abgefallen Ästen und auch in kränkelnden Stämmchen von Kiefer und Fichte. Regelmäßig findet man sie in Zaunlatten, solange die Rinde noch gut haftet.
Sie hinterlassen zwischen Bast und Splintholz glattrandig ausgenagte und mit Wurmmehl vollgestopfte unregelmäßige Gänge, die überwiegend in Längsrichtung verlaufen. Zur Verpuppung nagen sich die Larven in das Splintholz, und die Käfer gelangen durch ein elliptisches Schlupfloch ins Freie. Das Fraßbild erinnert an eine Schrift aus geheimnisvollen Zeichen.

Kiefernzangenbock
Rhagium inquisitor, Puppenwiege

Während die Bohrgänge der Larve unter der Rinde von abgestorbenen und zerfallenden Nadelbäumen mit Bohrmehl vollgestopft sind, ruht die Puppe in einer geräumigen, ringsum mit einer Mauer aus Holzspänen befestigten Puppenwiege; ein sinnvoller Schutz, da manche räuberische Insekten sich durch den Mulm unter der Rinde zerfallender Bäume arbeiten. Die Käfer schlüpfen im Spätsommer und bleiben dann noch bis zu 10 Monate in ihrem Versteck.

Fraßgänge von Molorchus minor
Familie Bockkäfer, Cerambycidae

Die Larven nagen unter der Rinde und im Holz von abgestorbenen Fichtenästen und Stämmen flache, vielfach gewundene Gänge, die sie mit Bohrmehl vollgestopft zurücklassen. Vor der Verpuppung nagen sie einen hakig nach außen gebogenen Gang (Hakengang) in den noch lebenden, weichen Teil des Holzes unter der Rinde, genannt Splint.
Man findet die Fraßgänge häufig an Naturzäunen, nachdem die Rinde abgefallen ist.

Ei des Vierpunktkäfers Clytra quadripunctata

In den wärmsten Wochen des Jahres findet man auf dürren Wiesen und Ödland den Vierpunktkäfer aus der Familie der Blattkäfer. Die Käfer lassen ihre Eier fallen, versehen sie aber vorher mit einer schützenden Hülle. Dazu fängt das Weibchen das Ei bei der Ablage mit den Hinterbeinen auf und drückt es mit einem Pol in eine passende Vertiefung am Hinterleib. Dann beklebt es das Ei mit Bällchen von arttypischer Form aus dem Sekret einer Klebdrüse, vermischt mit Darminhalt. Gleichzeitig dreht es das Ei mit seinen Hinterbeinen. Das Ergebnis erinnert an einen winzigen Tannenzapfen.
Das Ei soll von Ameisen in das Nest eingetragen werden, wo die Larve schlüpft, und zwar immer am stumpfen Ende.
Sie verlässt die Eihülle nicht, sondern schleppt sie als ersten schützenden Köcher mit sich herum.

Fraßbild eines Blattkäfers

Es gibt an Pflanzen Fraßbilder von so typischer Form, dass man den "Täter" danach bestimmen kann. Die meisten Raupen reiten beim Fressen auf der Blattkante, halten das Blatt mit den Brustfüßen und beißen Streifen auf Streifen ab. Manche beißen ein angefressenes Blatt vollends ab, um keine Spuren zu hinterlassen.
Blattkäfer sitzen auf dem Blatt und beißen in die Unterlage ein Loch, das sie vergrößern, bis sie auf die weniger begehrten Blattrippen stoßen. Dann beginnen sie an einer anderen Stelle. So durchsieben sie das Blatt, bis am Ende nur noch ein Skelett aus Blattrippen übrigbleibt.

Larve des Vierpunktkäfers Clytra quadripunctata

Die Clytra-Larven leben in Ameisennestern. Sie fertigen sich, beginnend mit dem Ausbau ihres Eiköchers, einen Larvenköcher aus Lehm und Exkrementen, aus dem sie sich beim Kriechen weit hervorstrecken. Werden sie aber von einer Ameise betastet, so ziehen sie sich sofort in ihren Köcher zurück und sind dann unangreifbar.
Die Larven ernähren sich von Ameisenbrut. Wenn sie erwachsen sind, kitten sie ihre Gehäuse zum Schutz vor einem Abtransport durch die Ameisen nahe an einem Nestausgang an und verbringen im Köcher die Puppenruhe.
Der Käfer verlässt das Ameisennest und lebt offen auf Kräutern und Blüten.

Schildkäferlarve Cassida sp.

Die Schildkäferlarven leben offen auf den Blättern der Futterpflanzen. Ihr Körper läuft hinten in 2 lange, bewegliche Dornen aus, und dort bleiben abgestreifte Larvenhäute, Kotballen und Pflanzenhaare hängen und bilden mit der Zeit eine Art Schild, den die Tiere über ihrem Rücken tragen. Bemerkt die Larve einen Feind, der sich herantastet, so wendet sie ihm den Schutzschild zu. Der Feind stellt mit dem Tastsinn Ungenießbares fest und wendet sich ab. Wenn sich die Larve verpuppt, so wird die letzte Larvenhaut mit ihrer Dekoration nicht abgeworfen, sondern bleibt nutzbringend an der Puppe hängen.

Bohrlöcher des Bohnenkäfers Acanthoscelides (Bruchidius) **obtectus**

Ein aus Zentralamerika eingeschleppter Samenkäfer (Familie Bruchidae), der sowohl im Freiland an lebenden Bohnen wie auch in Vorratsbohnen gedeiht. Die Larve nagt vor dem Schlüpfen unter der Samenhaut eine kreisrunde Pforte, die der Jungkäfer durchbrechen kann. Eine Bohne kann Heim und Nahrung für mehrere Käfer sein, von denen jeder sein Schlupfloch bohrt. Die Larven stellen ihre Körperflüssigkeit durch chemischen Aufschluss ihrer Nahrung her.

Pappelblattroller Byctiscus populi

Im Mai und Juni fertigt das Weibchen des Pappelblattrollers vor allem aus den Blättern der Zitterpappel enge hängende Rollen. Dafür nagt es zunächst den Blattstiel an und wartet einige Stunden, bis das Blatt zu welken beginnt. Dann zieht es mit den Beinen das Blatt zusammen, wobei meist die Blattoberseite nach außen zu liegen kommt. Während der Arbeit legt es einige Eier zwischen die Lagen und verklebt sie mit einem braunen, rasch erhärtenden Sekret, das im Hinterleib gebildet wird. Ein Weibchen kann pro Tag ein oder zwei Wickel und in seinem Leben wenige Dutzend anfertigen. Zuweilen sieht man auch 2 Käfer an einer Wickel arbeiten, aber dann arbeitet jeder für sich, als ob der andere gar nicht da wäre. Manchmal rollen die Käfer auch 2 gemeinsam entspringende Blätter zusammen, wobei sie beide Stengel annagen, dann das erste Blatt normal aufrollen und danach das zweite über das erste wickeln.
Die reifen Larven lassen sich aus dem Wickel fallen und verpuppen sich in der Bodenstreu, wo auch der Käfer überwintert.
Ein größerer Verwandter ist der Rebenstecher. Er rollt meist mehrere Blätter von Buche, Birke, Hasel, Linde und anderen Laubbäumen zu einem Wickel zusammen. Häufiger ist er nur in milden Lagen, wo auch der Wein gedeiht, an dem er ebenfalls wickelt.

Birkenblattroller Deporaus betulae

Der unscheinbar schwarze Rüsselkäfer rollt frühlingsfrische Birkenblätter, wenn sie ihre endgültige Größe erreicht haben, zu einem Trichter zusammen, in dem er seine Eier ablegt. Nur das Weibchen baut. Zuweilen sind auch 2 Weibchen an einem Blatt tätig, aber dann arbeitet jedes so, als ob das andere nicht da wäre. Zunächst läuft der Käfer kreuz und quer über das ausgewählte Blatt und sammelt dabei Information über seine Form und Fläche. Dann schneidet er mit den Oberkiefern als Schere das Blatt im oberen Drittel in einer Bogenlinie vom Rand her bis zur Mittelrippe ein, nagt diese an und führt dann den Schnitt bis zum anderen Blattrand weiter. Danach nagt der Käfer noch einmal wohldosiert die Mittelrippe und bei Bedarf auch die stärkeren Nebenrippen an, so dass sich der abgetrennte welkende Blattteil senkt und etwas einrollt. Dann beginnt mal von rechts, mal von links das Aufrollen. Dabei zieht der Käfer mit 3 Beinen auf der Innenseite des äußersten und 3 Beinen auf der Außenseite des nächstinneren Umgangs ausdauend und kräftig, bis das Blatt nachgibt. Erst rollt er eine Blatthälfte ein und dann die andere über die erste. Ist das Blatt noch zu starr, so durchtrennt der Käfer weitere Blattadern. In etwa 10 Minuten ist der Trichter fertig, erstaunlich schnell, wenn man bedenkt, daß sich der Trichterwickler in keiner körperlichen Eigenschaft von ähnlichen, zum Trichterwickeln unbegabten Käfern unterscheidet.
Zum Abschluss kriecht der Käfer in den Trichter, schneidet mit einer Art Schere am Hinterleibsende 2 bis 5 Taschen in das Blatt und schiebt je ein Ei hinein. Zum Abschluss der Arbeit zieht er den Trichter noch einmal fest zusammen, vernietet ihn mit Bissen, drückt und kneift zunächst die obere und dann die untere Öffnung des Trichters zusammen und faltet den überstehenden Blattzipfel nach innen. Die ganze Arbeit dauert etwa eine Stunde. Dann verlässt der Käfer den Wickel und beginnt bald an einem anderen Blatt aufs Neue.
Der Saftstrom in dem angeschnittenen Blatt ist so weit unterbrochen, dass es welkt, während innen die Larven heranwachsen. Zur Verpuppung wühlen sie sich in den Boden ein. Den Schutz des am Ende hart gewordenen Trichters müssen sie wohl aufgeben, weil er oft erst im Herbst abfällt und die Larve darin nicht so lange der Austrocknung widerstehen kann. Vielleicht taugen die Werkzeuge des Käfers auch nicht dazu, sich nach der Verwandlung aus dem Trichter zu befreien.
Am ehesten findet man die Käfer an sonnigen Maitagen auf kleinen Moorbirken, selten mehr als kopfhoch; manchmal wickeln sie aber auch an Buche, Erle, Hasel und Hainbuche.
Die eigenartige, 2 mal s-förmige Schnittlinie ist mathematisch begründet. Sie führt dazu, dass der Trichter beim Aufwickeln eine ebene Fläche ergibt und umgekehrt, dass beim Aufrollen ein Trichter ohne Spannungen und Falten entsteht. Man spricht dann von einer konisch abwickelbaren Fläche.
Ein Verwandter des Birkenblattrollers ist der auf das Bergland beschränkte Ahornblattoller. Man findet in auf Ahornaustrieb in schattigen Lagen.

Eichenblattroller Attelabus nitens

Der kleine rote Rüsselkäfer lebt im Frühsommer an Eichenbüschen in sonniger Lage, wo er junge zarte Blätter zu auffälligen Büchsen zusammenrollt. Man kann ihn bei seiner gemächlichen Arbeit gut beobachten.
Nur das Weibchen baut. Dafür läuft es zunächst kreuz und quer über das Blatt und lernt dabei dessen "Landkarte" auswendig. Weiter prüft es die Biegsamkeit des Blattes, indem es die Blattränder probeweise umbiegt. Ist es mit dem Ergebnis zufrieden, so beginnt die Arbeit:
Das Weibchen schneidet im oberen Blattdrittel einen Querschnitt bis zur Mittelrippe, dann umwandert es das ganze Blatt und nagt von der Gegenseite auf gleicher Höhe einen zweiten Schnitt auch bis zur Mittelrippe, wo sich beide Schnitte treffen. Dann nagt es die Mittelrippe wohldosiert an, so dass das Blatt zu welken beginnt.
Im nächsten Bauabschnitt kerbt es die Mittelrippe und die stärkeren Seitenrippen vielfach ein, um sie geschmeidig zu machen, und auch die Blattoberfläche wird vielfach aufgeschlitzt.
Im dritten Bauabschnitt reitet der Käfer von der Blattunterseite her auf der Mittelrippe und zieht geduldig die beiden erschlaffenden Blatthälften mit den Beinen zu einem gefalteten Blatt zusammen. Anschließend rollt er das Doppelblatt von unten her zu einem Wickel zusammen, faltet den Rand nach innen und "vernietet" das Bauwerk durch zahlreiche eingebissene Stanzlöcher, wobei vielleicht austretender Zellsaft den Leim bildet. Noch während der Arbeit hat das Weibchen bis zu 7 gelbe Eier zwischen die Blattlagen geschoben.
Die Larven fressen das Tönnchen von innen aus, es verwelkt und fällt zu Boden. Dort dient es noch als schützende Hülle während der Überwinterung. Im Frühjahr nagen sich die Larven heraus und verpuppen sich in der Bodenstreu.
Ein anderer Rüsselkäfer, genannt der Kuckucksrüssler, legt seine Eier ebenfalls in die Büchsen des Eichenblattrollers.
An der Haselnuss arbeitet der Haselblattroller. Er schneidet ein Haselbatt von der Seite her bis zur Mittelrippe ein und rollt dann den abgetrennten Lappen zu einer Rolle zusammen.

Borkenkäferfraßbild
Pityophorus exculptus

Ein Borkenkäfer, der leicht an seinem Fraßbild zu erkennen ist. Die Weibchen nagen in Fichtenästen und Zweigen eine rundliche "Rammelkammer" und, davon ausgehend, 2 bis 6 lange, tief in das Splintholz eingegrabene, längsverlaufende Muttergänge, von denen in 1 bis 3 cm Abstand geschlängelte Larvengänge abzweigen. Zur Verpuppung nagen sich die Larven in die Rinde.
Vor allem in absterbenden Zweigen.

Buchdrucker Ips typographus
Reifungsfraß der Jungkäfer

Die Borkenkäfer, 60 Arten in Deutschland, fressen ornamentale Fraßbilder zwischen Rinde und Holz oder auch tief im Holz. 17 dieser Fraßbilder sind in dem Band "600 Käfer" in dieser Reihe vorgestellt, jetzt geht es nur um Ergänzungen.
Der Buchdrucker ist der schädlichste Borkenkäfer. Einzelne Käfer greifen nur kranke Bäume an, die nicht mehr harzen können. Ist es aber, etwa nach einem Windbruch, erst zur Massenvermehrung gekommen, so kann die Übermacht der Käfer auch gesunde Bäume angreifen und ganze Wälder vernichten. Das passierte 1998 im Nationalpark Bayerischer Wald, wo die Käfer monotone Fichtenforste vernichteten und Platz schufen für einen natürlichen gesunden Mischwald.

Borkenkäferfraßbild
Polygraphus poligraphus

Die Borkenkäfer haben den Wald unter sich aufgeteilt, indem die einzelnen Arten verschiedene Baumarten befallen; dazu besetzen sie an einem Stamm verschiedene Teile: Bei der Fichte brütet am Wurzelansatz der Riesenbastkäfer Dendroconotus micans; von Brusthöhe bis zum Kronenansatz herrscht der gefürchtete Buchdrucker und darüber, wo die Rinde dünner ist, Ips amitinus und im Kronenbereich unter noch dünnerer Rinde Polygraphus poligraphus. Er durchsiebt die Borke in ihrer Dicke, so dass man beim Abheben nur ein dichtes Gewirr von angeschnittenen Gängen erkennt. Wenn man den Bau mit Kunstharz ausspritzt und dann die Rinde entfernt, erscheint eine große Rammelkammer, von der 3 bis 8 gebogene Muttergänge von 3 bis 6 cm Länge abzweigen, an denen die vielfach gewundenen Larvengänge entspringen.

Vom Großen Birkensplintkäfer Scolytus ratzeburgi befallene Birke

Die Weibchen nagen in jungen, kränkelnden Birken einen bis 10 cm langen senkrechten Muttergang. Unter der Rinde findet man 50 bis 60 Larvengänge von 15 bis 20 cm Länge, die vom Muttergang auseianderstreben, als wollten sich die Larven ausweichen.
Das Besondere aber sind die Löcher, die in regelmäßigen Abständen vom Muttergang aus ins Freie führen. Über ihre Bedeutung weiß man nichts.

Fraßbild des Borkenkäfers Scolytus multistriatus

Bei manchen rindenbrütenden Borkenkäfern sind Vater, Mutter und Kinder an der Erzeugung des Fraßbildes beteiligt. Zunächst wählt das Männchen den Brutbaum aus - einmalig unter den Insekten. Dann nagt es in der Rinde die sogenannte Rammelkammer, wo die Begattung stattfindet. Nun nagt das Weibchen von der Rammelkammer aus den Muttergang mit zahlreichen Einischen, die jede mit einem Ei belegt werden. Nach dem Schlüpfen fressen die Larven ihre dünnen, gewundenen und oft auch geknickten Fraßgänge, die mit der Verpuppungskammer enden.
Die abgebildete Art, der Kleine Ulmensplintkäfer, brütet in Ulmen und fertigt einen senkrechten Muttergang mit endständigem Einbohrloch.

Zitronenfalter Gonopteryx rhamni

Die Weißlinge, und dazu gehört auch der Zitronenfalter, verpuppen sich meist offen an Zweigen und Halmen. Zur Vorbereitung spinnt sich die Raupe eine Unterlage, in die sie sich mit den Nachschiebern einkrallt, und eine Schlaufe hinter ihrem Rücken, wobei sie den Kopf weit in den Nacken legt und dann die Fäden rechts und links befestigt. Danach steht sie in der Schlaufe wie ein Schirm im Schirmständer, und so häutet sie sich auch zur Puppe. Das Hinterleibsende der Puppe ist eine mit Widerhaken besetze Spitze; mit ihr bohrt sich die Puppe, noch in der zusammengeschobenen Raupenhaut steckend, mit zappelnden Bewegungen in die Gespinstunterlage, dann erst erhärtet sie und wird unbeweglich.
Die Puppe muss nun oft ein halbes Jahr bis zum Schlüpfen überleben; sie kann, offen an einem Zweig angesponnen, nicht schutzlos sein. Zunächst zerstreuen sich die Raupen vor der Verpuppung. Damit wird die Puppensuche erschwert. Ein weiterer Schutz ist ihre völlige Reglosigkeit, so mag sie als etwas Ungenießbares erscheinen. Zudem kommen viele Weißlingspuppen in verschiedenen Farben vor; das könnte einem Räuber, der zufällig bei einer Puppe Erfolg hatte, die Nachsuche nach weiteren Puppen erschweren. Auch Räuber, die mit der Nase suchen, dürften wenig Erfolg haben, denn vermutlich ist die Puppe ohne verräterischen Geruch. Zu guter Letzt sind die Weißlingspuppen gut gepanzert und, einmal erhärtet, für die meisten Raubinsekten unangreifbar. Die überwinternden Puppen sind unscheinbar gefärbt; solche mit sofortiger Entwicklung können bunt sein.
Puppen in einer Gespinstschlaufe heißen Gürtelpuppen. Das Prinzip ist offenbar erfolgreich, denn es ist nicht nur bei den Weißlingen,

Fraßbild des Werftkäfers Hylecoetus dermestoides

Die kurzlebigen Käfer legen ihre Eier in Rindenritzen, und die Larven bohren sich ins Holz, wobei sie das Bohrmehl durch das kleine Einschlupfloch ins Freie befördert, so dass die befallenen Stämme mit Holzmehl bepudert erscheinen.
Die Larve ernährt sich von einem Ambrosia genannten Pilz, der den Bohrgang als weißlicher Belag auskleidet. Der Pilz wird bei der Eiablage vom Weibchen übertragen.
Ist die Larve erwachsen und der Bohrgang spannenlang, so erweitert die Larve das Eintrittsloch, bis der zukünftige Käfer hindurchpasst; dann verpuppt sie sich nahe dem Eingang mit dem Kopf nach außen.

sondern auch bei manchen Bläulingen und Spannern in Gebrauch. Der schlüpfende Falter kann den Gürtel nicht zerreißen, darum schlüpfen die Weißlinge nach vorne aus der Puppenhülle.

Raupen benagen die Blätter nur von der Innenseite oder nur die Zwischenwände, größere sind zu häufigem Neubau gezwungen oder wandern zum Fressen auf benachbarte Zweige.

Stürzpuppe des Kleinen Schillerfalters Apatura ilia

In der Familie der Nymphalidae hängt die Puppe kopfunten in einem kleinen Gespinstpolster. Nachdem die Raupe das Polster gesponnen hat, verankert sie sich mit dem hintersten Beinpaar darin und lässt sich baumeln. So erwartet sie die Verpuppungshäutung. Dabei platzt die Haut und wird nach hinten zusammengeschoben. Nun besteht die Gefahr, dass die fußlose Puppe abstürzt. Sie klemmt aber die in das Polster verkrallte Raupenhaut in eine Hautfalte und wühlt dann ihr mit Widerhaken besetztes Hinterende in das Polster. Danach erstarrt sie zur Puppe, und die vertrocknende Larvenhaut fällt ab.

Raupe des Dickkopffalter Thymelicus lineolus

Raupen verschiedenster Herkunft spinnen Blätter zu einem verbergenden Wohnraum zusammen. Dabei kommen sehr verschiedene Bautechniken zum Einsatz, denen gemeinsam ist, dass die Raupe mit vielen straff gespannten Fäden das Blatt in die gewünschte Form zwingt. So können winzige Raupen große Blätter zuammenrollen.
Die Raupen vieler Dickkopffalter fertigen mit leiterartig angeordneten Querseiten aus einem Grashalm eine Röhre. Diese ist an beiden Enden offen: Oben wird sie weggefressen, unten der Kot herausgeworfen.
Schade, dass die Raupen ihr Haus gleich wieder verzehren. Kleinere

Seiden- oder Maulbeerspinner Bombyx mori

Er ist das einzige Insekt, das zum Haustier geworden ist: Die Falter können nicht mehr fliegen und die Raupen kaum noch kriechen. Zur Verpuppung spinnen sie einen Seidenkokon, der aus nur 2 parallel versponnenen Fäden von bis zu 3 km Länge besteht und den sie in bis zu 300. 000 Schlaufen verlegen.
Da die Falter den Faden beim Schlüpfen zerreißen würden, werden die Puppen vor der Seidengewinnung getötet. Dann gewinnt man von einem Kokon etwa 900 Meter Faden. Für eine Bluse braucht man 500 Kokons.
Die Seidengewinnung wurde vor etwa 2600 Jahren in China erfunden, und es war bei Todesstrafe verboten, die Spinner außer Landes zu bringen. Erst um das Jahr 400 brachten 2 Mönche in hohlen Wanderstäben die Eier nach Konstantinopel und brachen so das ostasiatische Seidenmonopol. Die Seidengewinnung wurde daraufhin im Mittelmeerraum ein wichtiger Wirtschaftszweig.
Um 1850 brach unter den Seidenraupen in Südfrankreich eine Seuche aus und vernichtete die Existenz vieler Seidenzüchter. Louis Pasteur entdecke den Erreger und konnte die Seuche eindämmen - der erste Sieg der Medizin über eine Infektionskrankheit.
Bis heute gibt es Seidenzucht in der Türkei und vor allem in den Ländern Ostasiens. Unter Hitler wurden auch in Deutschland Versuche zur Seidenzucht gemacht, und die damals gepflanzten Maulbeerbäume sind heute zu voller Größe herangewachsen.

Puppenkokon eines Nachtpfauenauges Saturnia sp.

In der Familie der Pfauenspinner (Saturniidae) gibt es besonders kunstvolle Puppenkokons. Bei den Nachtpfauenaugen ist er fest gesponnen mit einem flaschenhalsähnlichen Ausgang, in den die Raupe zusätzlich eine Reuse aus steifen Borsten spinnt. Von außen verwehrt die Reuse jeden Zugang, von innen kann sich der schlüpfende Falter hindurchzwängen, ohne sein reiches Haarkleid sichtbar zu beschädigen. So sicher ist der Reusenkokon, dass die Puppen darin überwintern und manchmal sogar mehrere Jahre darin "überliegen", eine Vorsorge für schlechte Jahre, in denen die Falter nicht zur Vermehrung kommen.
Manche tropischen Saturniiden hängen ihren Kokon an einem langen Faden auf, an dessen Ende niemand die Puppe sucht. Einige Arten taugen auch zur Gewinnung von spezieller Seide.

Puppenkokon des Kleespinners Lasiocampa trifolii

Die Raupen der Glucken, zu denen der Kleespinner gehört, tragen in ihrem Haarkleid winzige, aber überaus spitze Nadeln, deren Stich im Mund wie Feuer brennt. Mit diesen Nadeln schützen sie auch ihren Puppenkokon. Dazu weben sie mit staunenswerter Geschicklichkeit Tausende der winzigen Nadeln in den Kokon ein, so dass er nach allen Seiten starrt. Die Kokonwand selber ist papierartig glatt, so dass die Nadeln auch wirklich herausragen.
Dem schlüpfenden Falter gelingt es nur mit Chemie, durch Einweichen mit Lauge, ein Schlupfloch in den Kokon zu bohren. Leere Kokons halten sich unter Steinen viele Jahre und zeigen in allen Jahreszeiten das Vorkommen der Falter an.

Blutströpfchen Zygaena filipendulae
Puppenkokon

Die Zygaenenraupen spinnen ihren schlank spindelförmigen, schwach längsfaltigen und silbrig gelbweißen Puppenkokon, geschützt durch ihre Ungenießbarkeit und schwarzgelbe Warntracht, an hochragende Halme. Beim Spinnen des hautengen Kokons zeigen sich die Raupen gummiartig elastisch, sie können sich im Kokon umdrehen und jeden Winkel mit den Mundteilen, an denen die beiden Fäden austreten, erreichen. Anfangs ist der Kokon gitterartig durchsichtig, nach Stunden wird er undurchsichtig, aber noch viel länger zeigen Bewegungen im Inneren, daß die Raupe weiterspinnt. Schließlich imprägniert sie das Gewebe mit einem erhärtenden Sekret, so dass es eine papierartige Beschaffenheit annimmt. Im größten Teil des Kokons sind die Fäden kreuz und quer versponnen, am Vorderende aber liegen sie in einer Richtung, so dass sie sich beim Schlüpfen wie Vorhänge auseinanderschieben lassen. Trotzdem könnte der Falter selber nicht schlüpfen; die Puppe aber kann es, indem sie sich mit Dornenfortsätzen am Hinterleib im Kokon verankert und sich dann mit Kriechbewegungen durch die vorgebildete Schwachstelle zwängt.
Noch halb im Kokon steckend, schlüpft der Falter.

Kiefernprozessionsspinner
Thaumetopoea pityocampa

Die etwa 300 Räupchen eines Geleges schlüpfen etwa gleichzeitig im Herbst und spinnen bald über sich ein Zeltdach mit Kiefernnadeln als Zeltstangen. Von hier aus wandern sie schon in ihrem ersten Kleid gegen Abend im Gänsemarsch hervor zur Nadelweide. Noch im Herbst fressen sie ihre nähere Umgebung kahl und fertigen sich ein neues, birnengroßes und seidenweißes Nest an einer Zweigspitze. Die Nadeln im Inneren bleiben als Stützen unberührt.
Ab Februar nehmen sie, nun etwa 2 cm lang, ihre Prozessionen wieder auf, wobei sie aus bleistiftdicken runden Pforten hervorkommen. Jede Raupe spinnt vor ihren Füßen einen Faden als Kletterhilfe. Der Nestbeutel ist hohl und füllt sich mit der Zeit im unteren Teil mit Kotballen. Eingewoben sind mikroskopisch kleine Brennhaare mit Widerhaken, von denen jede Raupe bei den Häutungen bis zu 100 000 abstreift. Sie bohren sich in die Haut jedes Angreifers und schmerzen und jucken, bis sie herausgeeitert sind. Eingeatmet können sie zu Lungenentzündung und zum Tode führen.
Im Sommer steigt die Prozession zum Waldboden und verspinnt sich zur Verpuppung in ein fladenförmiges Gespinst, das ebenfalls durch die bösartigen Raupenhaare geschützt ist.
Überall bei den Insekten finden wir Wehrhaftigkeit gepaart mit Geselligkeit: In der Gemeinschaft ist der Schutz wirksamer, weil ein Fressfeind schon beim ersten Angriff schlechte Erfahrungen macht. Für sesshafte Tiere ist es leicht, gesellig zu sein, man bleibt eben beisammen. Die Prozessionsspinnerraupen müssen aber auf Nahrungssuche umherwandern. Was hält sie zusammen? Sie sehen ihre Genossen nicht, Raupenaugen sind dafür zu schwach; der Geruchssinn signalisiert nur allgemeine Nähe, so bleibt nur der ununterbrochene körperliche Kontakt zum Nachbarn. Genau den erreichen die Prozessionsspinneraupen mit ihrer Prozession. Foto: Dieter Frank.

Wollafter Eriogaster lanestris

Die Räupchen schlüpfen im Frühjahr und fertigen sich gemeinsam ein "Raupennest" an Laubbäumen. Es ist spindelförmig, außen glatt und weiß und bis 25 cm lang. Mit der Zeit wird es schwer vom Kot der Raupen und zieht die Zweige herunter. Zur Nacht kommen die Raupen hervor und wandern auf Gespinstfäden zu unberührten Zweigen, die sie bis zum Morgen entblättern.
Die Raupen sind geschützt durch samtartig zusammenstehende, mit Widerhaken besetzte Stechhaare.
Foto: Hans Joachim Hage.

Großer Gabelschwanz
Cerua vinula

Die Verpuppung kündigt sich an, indem die Raupe zu fressen aufhört und einige Tage ruht. Zeitgleich verfärbt sie sich von sattgrün nach rotbraun - eine gute Tarnfarbe auf Baumrinde -, dann gibt sie den letzten Larvenkot ab und beginnt hastig für 2 bis 3 Stunden zu kriechen. Dabei kommt sie aus der Laubzone auf den rissigen Teil der Baumrinde. Hier endet die Wanderung, und sie beginnt zu spinnen.
Zuerst zieht sie Fäden kreuz und quer über ihren Rücken. Zwischendurch beißt sie Rindenstückchen unter sich los und schiebt sie durch die Maschen des langsam dichter werdenden Netzes nach außen. So fertigt sie in der Rinde eine flache Wanne, zugleich wird der Kokon mit Rindenstückchen gut getarnt.
Danach verbringt sie Stunden damit, den Kokon von innen mit vielen Lagen Seide abzudichten; zum Schluss scheidet sie noch Ameisensäure aus, die die Fäden zum Quellen bringt und verleimt: Der Kokon wird fest, glatt und hornbraun; nur am Kopfende lässt die Raupe ein dünnes, durchscheinendes Fenster.
Im Schutz der festen Hülle hat die Raupe viel Zeit: Sie verpuppt sich erst Wochen nach dem Kokonbau, und der Falter schlüpft zu Beginn der nächsten Flugzeit.
Der Kokon ist so fest gebaut, dass der Falter ihn nur mit Mühe aufbrechen kann. Dafür weicht er das Fenster mit einem Tröpfchen Kalilauge auf; zudem trägt er vom Schlüpfen her ein schildförmiges Stück der Puppenhülle mit einer scharfen Kante wie einen Helm auf dem Kopf. Trotz dieser Ausrüstung gelingt es einigen Faltern nicht, den Kokon aufzubrechen.
Die Natur berechnet stets die Rentabilität: Zu dünner Kokon bringt hohe Verluste durch Feinde. Zu fester Konkon bringt hohe Verluste beim Schlüpfen. Dazwischen liegt das Optimum, und das wird von der Selektion herausgearbeitet - ganz ohne Mathematik, aber mit sehr viel Zeit.

Traubenkirschengespinstmotte
Yponomeuta evonymella

Im Mai bieten die Traubenkirschen in Bayern ein auffallendes Naturschauspiel: Während ringsum alles Grün zu sommerlicher Üppigkeit herangewachsen ist, stehen die Traubenkirschen kahl wie im Vorfrühling und sind von der Spitze bis zum Boden eingehüllt in silbergraue Seidenschleier. Auch der Boden und die benachbaren Pflanzen sind mehr oder weniger übersponnen.
Vom Täter findet man um diese Zeit am Stamm oder in Astgabeln flaschen- bis brotlaibgroße schwere Seidenpakete aus Tausenden von zentimeterlangen, spindelförmigen, dicht gewebten weißen Seidenkokons. Es sind die Puppenkokons der Traubenkirschengespinstmotte.
Wer auf die kleinen Dinge der Natur achtet, findet diese Raupen schon kurz nach dem Knospenbrechen. Sie haben dann schon die ersten Blättchen zu einem seidenen "Raupennest" zusammengesponnen, von dem aus sie gemeinsam zum Fressen ausziehen. Dabei spinnen sie, wo immer kriechen, ein Dach aus Seide über sich. Es scheint ein Schutzdach zu sein, denn kein Vogel besucht die Bäume, um sich am Überfluss zu bedienen. Die Raupen wachsen rasch heran, immer zu Raupenbündeln zusammengeschmiegt, und in den meisten Jahren fressen sie die Bäume völlig kahl. Dann beginnt die Hungersnot, denn sie fressen nur Traubenkirsche und sonst nichts. Nicht einmal die Kirschbäume im Garten sagen ihnen zu. So rennen sie, vom Hunger getrieben, an den Futterbäumen auf und ab, und jede zieht dabei einen Seidenfaden hinter sich her, den sie als Kletterseil benötigt. So entsteht als Werk von Tausenden das Seidentuch.
Die Überlebenden verpuppen sich so gesellig, wie sie gelebt haben. Ihre Kokons liegen später unter einer Seidendecke, und man kann sich fragen, wer sie gewebt hat, wo sich die Raupen doch verpuppt haben. Aber eine Minderheit von Raupen bleibt draußen und überspinnt die Kokons mit ihrer Seide. Diese Raupen erschöpfen sich vollständig und gehen anschließend zugrunde.
Im Juni schlüpfen die schneeweißen Gespinstmotten. Ihre Puppenkokons haben eine wohlgeplante Schwachstelle, wo sie von innen leicht zu öffnen sind. Die Falter sitzen dann überall auf Blättern und Zweigen. Wochen später sind sie verschwunden, haben aber Millionen von Eiern zurückgelassen.
Die Gespinstmotten bewirtschaften ihre Futterpflanzen schonend: Sie fressen zwar die Blätter, verhungern aber eher, als dass sie die Knospen anrühren, und sie greifen nur einmal im Jahre an. So gelingt den Traubenkirschen ein Maiaustrieb, und Ende Juni sind sie so dicht belaubt wie andere Bäune auch.
Die Seidentücher kann man in großen Bahnen von den Bäumen abziehen. In Bayern waren sie früher Unterlage für eine Volkskunst, die Seidenmalerei. Die auf Raupenseide gemalten Bilder kann man von beiden Seiten, als Bild und Spiegelbild betrachten. In bayerischen Heimatmuseen sind solche Bilder zu sehen, und nicht jeder weiß, woher die bemalten Tücher stammen. In der Natur sind die Gespinste recht vergänglich; bis zum Herbst sind sie zu nichts zerfallen.

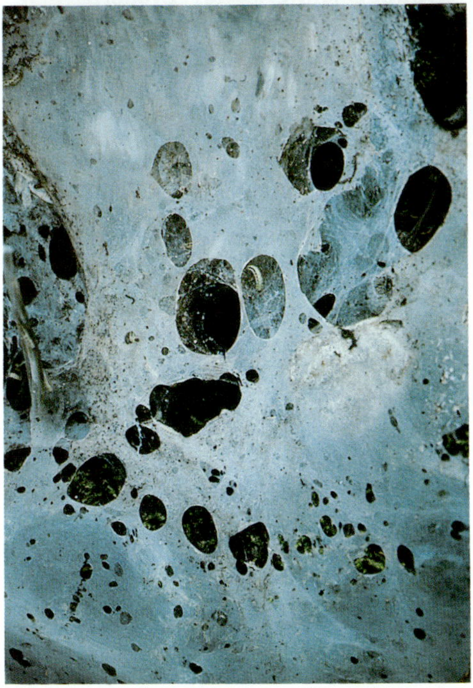

Schlehengespinstmotte
Yponomeuta padellus

Die olivgrauen Raupen fertigen über Mai in Schlehenzweigen handgroße, durchsichtige Gespinste, in denen sie das Laub verzehren. In den Fresspausen hängen sie auf Abstand senkrecht im Innenbereich der Gespinste. Kahlfraß ist nicht selten. Anfang Juni verspinnen sie sich einzeln in spindelförmigen, senkrecht hängenden, durchscheinend grauweißen Kokons. Die Falter schlüpfen nach etwa 2 Wochen.

Lauchmotte
Acrolepsiopis assectella

Die zu den Gespinstmotten (Familie Yponomeutidae) gehörenden Raupen fressen an Lilien und verpuppen sich zwischen den inneren Blättern der Futterpflanze oder in der Bodenstreu. Der Kokon ist eine grobmaschige Gitterkonstruktion, wie man sie auch von den Larven anderer Insekten wie Rüsselkäfer und Blattwespen kennt.
Offenbar rechnet sich der sparsame Umgang mit der Spinnseide. Gegen Ameisen und Raubkäfer reicht der Schutz aus, und gegen Schlupfwespen würde auch ein dichter gewebter Kokon nicht schützen.
Foto: Eugen Scheible

Raupenköcher der Pelzmotte
Tinea pellionella

Die Raupen der Pelz- und Kleidermotten leben von Tierhaaren, die sie mit speziellen Enzymen verdauen. Dabei gewinnen sie nicht nur Eiweißstoffe, sondern auch Wasser. Daher brauchen sie nicht zu trinken.
Die Raupen fertigen einen Köcher, der besonders hübsch ausfällt, wenn sich die Raupe beim Köcherbau durch bunte Strickwaren frisst. Sie kann sich im Köcher umdrehen und in beide Richtungen kriechen. Zur Verwandlung bleibt die Puppe in der Sicherheit des Köchers und schiebt sich erst zum Schlüpfen weit hervor.
Die Pelzmottenköcher sind transportabel, die Köcher der verwandten Kleidermotte sind an der Unterlage angesponnen und werden nur bei Nahrungsmangel an einen anderen Ort gebracht.

Schlangenminiermotte, Lyonetia clercella, Puppenwiege

Die Raupen verlassen zur Verpuppung ihre Mine und weben über einer Mulde im gewellten Blattrand ein sehr kunstvolles Gespinst. Der eigentliche Kokon steckt in einer locker gesponnenen, durchscheinenden Seidenröhre, und diese ist an Gespinstfäden wie eine Hängematte über der Blattmulde aufgehängt. Das zarte Gebilde taugt nicht zu längerem Aufgenthalt: Der Falter schlüpft nach wenigen Tagen.

Rosskastanienminiermotte
Cameraria ohridella

Als die Rosskastanie als Zierbaum in Mitteleuropa eingführt wurde, fand sie hier praktisch keine Feinde vor; die Bäume gediehen prächtig, ihre Blätter kamen ohne Fraßspuren in den Herbst, und über Jahrhunderte ist das auch so geblieben. Jetzt aber ändert sich das Bild: Ein winziger Schmetterling, die Kastanien-Miniermotte, breitet sich mit rasender Geschwindigkeit in Mitteleuropa aus und rückt den Kastanien mit Riesenheeren zuleibe. Die einzelne Motte ist zwar nur 7 mm lang, aber in einem Kastanienblatt können sich 50 und mehr Räupchen entwickeln; in einem Kastanienbaum sind es Millionen. Im Sommer erscheinen dann auf den Blättern bräunliche Flecken, wo die Räupchen zwischen Ober- und Unterhaut alle blattgrünführenden Zellen weggefressen haben. Bis zum Spätsommer werden die Flecken größer, und der Baum wirft die Blätter vorzeitig ab.
Die gefährlichen, mit einer starken Lupe betrachtet aber bezaubernd schönen Miniaturfalter stammen aus Ostasien, in Europa wurden sie 1984 zum ersten Mal festgestellt, und zwar am Ohrid-See in Mazedonien. Nach ihm wurde der Falter auch von den Zoologen mit einem Fachnamen benannt: Er heisst in der Wissenschaft Cameraria ohridella. 1989 tauchten die Falter im österreichischen Linz auf, 1991 hatten sie Wien erobert, 1992 Passau. 1997 haben sie München überschwemmt und in Hessen und der Pfalz Brückenköpfe gebildet. Für 1998 erwarten Biologen, Forstleute und Kommunalpolitiker den bisher schwersten Angriff. Nur die Wirte in den von Kastanien beschatten Biergärten können in Ruhe zusehen: Da die Puppen der Schmetterlinge im Fallaub überwintern, bleiben jene Bäume weitgehend verschont, deren Falllaub im Herbst beseitigt wird. Im Mai schlüpfen die winzigen Schmetterlinge und legen ihre Eier einzeln an die jungen Kastanienblätter.
Wenn man die Wissenschaftler nach Methoden der Bekämpfung fragt, so sind sie ratlos. Zu plötzlich und ohne Vorwarnung sind die Schädlinge über die Kastanien hergefallen. Vielleicht ist es der Treibhauseffekt, der den Wintern die schärfsten Fröste nimmt und so dem Schädling die Ausbreitung nach Norden leicht macht. Soviel kann man aber sagen: Gefährdet sind nur die weißblühenden Kastanien und nicht die rotblühenden, die einer anderen, aus Nordamerika stammenden Art angehören. Vielleicht kommt ungerufene Hilfe aus der Natur: Eine winzige Schlupfwespe, die über die richtige Strategie zum Befall der minierenden Räupchen verfügt, hat die neue "Marktlücke" entdeckt und vermehrt sich prächtig auf Kosten der Miniermotten. Und vielleicht gelingt es diesen Wespchen, die Motten so weit zu dezimieren, dass sie nicht mehr eine Gefahr für unsere Kastanien, sondern nur noch eine Bereicherung für die heimische Falterwelt sind.

Sackträgerraupe
Amicta quadrangularis

Der Schmetterling mit dem unverwechselbaren Köcher lebt im Mittelmeerraum.
Die Köcher der Sackträger bieten einen sehr wirksamen Schutz; jedenfalls zeigen sich die Raupen vor aller Augen an hochragenden Pflanzenteilen. Solange sie nicht auf Futtersuche sind, spinnen sie den Eingang zu und befestigen den Köcher sehr fest an einer Unterlage.
Insekten aus verschiedener Verwandtschaft haben für sich den Köcherbau erfunden und sind dabei zu ganz ähnlichen Lösungen gekommen. Köcher gibt es bei den Köcherfliegen, einigen Blattkäfer- und vielen Zuckmückenlarven, manchen Meereswürmern, und die Schneckenhäuser könnte man auch noch dazuzählen.

Wasserzünsler Nymphula nymphaeta

Die Raupen des Wasserzünslers verraten sich leicht durch elliptische, in den Rand von Schwimmblättern, vor allem von Laichkraut gebissene Löcher. Sie spinnnen 2 solche Ausschnitte an den Seiten zusammen und leben in dem so entstandenen, an ein Brillenfutteral erinnernden Köcher. Die ersten Köcher fertigen die Jungraupen im Herbst, um darin am Gewässergrund zu überwintern.
Wenn sich im nächsten Frühsommer die Schwimmblätter ausbreiten, werden sie von den Raupen befressen, die um diese Zeit unbenetzbar sind, und ihr Köcher ist wasserabstoßend ausgesponnen und mit Luft gefüllt. Auch die Puppe ruht, unter Wasser an Pflanzenteile angesponnen, im Raupenköcher.

Sackträgerraupe
Epichnopteryx sp.

Die Sackträgerraupen fertigen sich gleich nach dem Schlüpfen einen zunächst winzigen Köcher, den die Weibchen nie mehr verlassen. Die Männchen müssen nach Abschluss der Verwandlung heraus, um den Paarungspartner zu finden. Die Köcher sind vorne und hinten offen, vor der Verpuppung werden sie vorne zugesponnen und an einer Unterlage befestigt. Dann dreht sich die Raupe um, so dass die Puppe und später der schlüpfende Falter mit dem Kopf zum früheren Hinterende hin zu liegen kommen.
Die Köcher sind sehr fest gewebt und bei den Echinopteryx-Arten (5 in Deutschland) mit längs gelegten Grashalmen belegt. Ich weiß nicht, wie die wachsende Raupe den Köcher vergrößert. Ich stelle mir vor, dass sie nach jeder Häutung den Köcher vorne in seiner ganzen Länge neu und größer baut und dann den alten, zu klein gewordenen Köcher abbeißt.

Schneckensackträger
Cochliotheca crenulella
Familie Psychidae, Sackträger

Die Raupen entwickeln sich in spiraligen, mit Erdkrumen versponnenen Säckchen mit 2,5 Umgängen und bis 5 mm Durchmesser. An den zerstreuten Fundorten fallen sie auf, weil sie ihre Köcher oft an Zaunpfähle anspinnen.
Spiralig gebaute Köcher gibt es auch bei den Köcherfliegen, und auch die vom Körper ausgeschiedenen Gehäuse der Schnecken und der ausgestorbenen Ammoniten sind spiralig aufgebaut, wobei sich wohl in allen Fällen diese kompakte Bauweise als vorteilhaft erwiesen hat.

Schlangenminiermotte, Lyonetia clercella Gangmine

Die Raupen minieren in 2 bis 4 Generationen von Juni bis Oktober in den Blättern verschiedener Laubbäume und gelten als Schädlinge im Obstbau. Sie fressen einen gewundenen Gang, der meist nahe der Mittelrippe beginnt und wieder zu ihr zurückkehrt. Der Kot bleibt als Band in der Gangmitte zurück. Nicht selten findet man mehrere Minen in einem Blatt.

■□
□□

Mine von Nepticula splendissimella
Familie Nepticulidae

In dieser Familie der Kleinschmetterlinge gibt es zwar winzige, aber prachtvoll metallglänzende Arten, und dazu gehört auch splendissimella.
Die gelblichen Räupchen fressen einen geschlängelten Gang in die Blätter von Brombeere, Kratz- und Himbeere. Die Minen werden nach dem Austrocknen hell weißlich, und wo der Raupenfraß die Saftzufuhr gestört hat, färbt das Blatt sich rot. Die Räupchen verlassen zur Verpuppung die Mine.
Zwei Generationen von Juli bis Oktober. Die Nachzügler werden in ihren Minen von den ersten Nachtfrösten getötet.

□■
□□

Gangmine der Saftschlürfermotte Phyllocnistis suffusella

Die Raupen der Saftschlürfermotten verzehren nur das saftreiche Gewebe dicht unter der Blatthaut und lassen die grünen Zellen unberührt. Wenn später Luft in die hauchzarten Fraßgänge dringt, werden sie im auffallenden Licht weißlich glänzend sichtbar. Die Gänge überziehen Ober- und Unterseite von Pappelblättern und sind wegen der flüssigen Nahrung frei von dunklen Kotballen.
Reife Larven falten den Blattrand um und spinnen sich in der so geschaffenen Tasche zur Verpuppung ein.
Auf den Blättern der Schwarzpappel sind die langen Fraßgänge überall zu finden.

□□
■□

Faltenmine von Lithocolletis faginella

Bei den Faltenminen ist die Decke der Mine aufgewölbt. Das Faginella-Räupchen erzeugt diese Aufwölbung, indem es den Boden der Mine mit straff gespannten Fäden zusammenzieht.
Faginella befällt in 2 Generationen im Juli und August/September Jungbuchenlaub im Unterholz und die untersten Äste. An einem Blatt können sich mehrere Minen entwickeln, die stets zwischen 2 Schrägrippen und der Mittelrippe liegen. Die Puppe überwintert in der Mine in einem weißlichen Gespinst.
Die winzigen Falter sind mit prächtigen Goldflecken geziert. Sie gehören zur Familie der Blatttütenmotten (Gracillariidae).

□□
□■

Schutzzaun der Blattwespenlarve Lygaeonematus compressicornis

Viele Blattwespenlarven reiten beim Fressen auf der Blattkante ihrer Futterpflanzen und sind dort offen sichtbar. Schutzvorrichtungen sind nötig, wie Ekelgeschmack, Ekelgeruch und Warnfarben. Manche großen Arten können dem Feind ihr ungenießbares Blut entgegenspritzen. Lygaeonematus errichtet um sich her einen Schutzzaun aus Schaumtürmchen. Wenn Räuber wie die allgegenwärtigen Ameisen mit dem Tastsinn suchen und dabei den Schaum berühren, ziehen sie sich sofort zurück. Der Zaun bietet aber keinen Schutz gegen fliegende Angreifer wie Schlupfwespen, die ihre Eier in die Blattwespenlarve stechen.

Galle der Rosengallwespe Rhodites rosae

Im Spätfrühling schneidet das Weibchen Taschen in Stengel oder Blätter von Rosen und schiebt in jede ein Ei. Darauf entwickelt sich um die Einstichstelle die Galle mit mehreren kugeligen Hohlräumen, in denen sich je eine Larve entwickelt.

Im Herbst sind die Larven erwachsen, und die Galle verholzt und bietet so einen sicheren Ort für die Überwinterung. Im Frühjahr nagt sich die Wespe ins Freie. Veredelte Zierrosen werden von der Gallwespe gemieden.

Die Gallen werden auch Schlafäpfel genannt. Das deutet hin auf frühere medizinische Nutzung, wobei im Mittelalter alles, was unverständlich war, auch als Heilmittel galt. In der Apotheke wurden die Galläfel unter dem Namen Bedeguar gehandelt. Das Wort stammt aus dem Arabischen und bedeutet "Überfluss".

Eilogen der Weidenblattwespe Nematus miliaris

Eier als nach außen ruhende Lebensformen lassen sich gut verstecken, und die Tiere machen davon reichlich Gebrauch. Viele Insekten versenken ihre Eier in Pflanzenteilen und sind dazu mit einem Legeapparat ausgerüstet, der nach seiner Herkunft aus Beinanlagen paarig ausgebildet ist. Bei den Blattwespen hat er die Gestalt und die Wirkung von 2 aufeinandergelegten Sägemessern. Die Sägezähne sind ein gutes Merkmal für die Artbestimmung.

Manche Blattwespen reiten bei der Eiablage auf dem Blattrand und schneiden eine Tasche in die Blattkante, andere schneiden sie flach in die Blattfläche. Die Weidenblattwespe sägt sie reihenweise in Weidenzweige. Der abgehobene Teil der Tasche verwelkt und ist noch lange nach dem Schlüpfen der Larven zu sehen.

Schlupfloch der Riesenholzwespe Sirex gigas

Die Wespen stechen ihre Eier einzeln in nicht zu dicke Rinde oder öfter in Schälstellen kränkelnder oder bereits geschlagener Nadelbäume, die aus der Stichstelle noch ein Harztröpfchen pressen. Die Larven fressen einen drehrunden, gewundenen, weiter hinten mit Bohrmehl vollgestopten, bis 20 cm langen Gang im Holz, der sich schließlich senkrecht zur Oberfläche wendet; die Wespen pen nagen sich durch ein kreisrundes, glattrandiges Schlupfloch ins Freie - oft erst aus verarbeitetem Holz bis hin zu Möbeln. Die saubere Arbeit deutet auf die Holzwespe, der Durchmesser von bis 10 mm die Art.

Schlupfwespenkokon einer Meteorus-Art

Manche Schlupfwespenlarven verpuppen sich im ausgefressenen Wirt, die Meteorus-Larven kommen hervor und verpuppen sich in einem eiförmigen Kokon, der an einem Faden hängt.
Die Larve ist blind und ohne Gliedmaßen, aber zungenartig beweglich und formbar. Sie spinnt zunächst einen großmaschigen Korb um sich her, zwängt sich dann durch eine der Maschen und spinnt, noch in der alten Masche hängend, um sich her ein neues Netz und so fort, bis eine Art von Netzstrumpf entstanden ist. An seinem Ende spinnt sie den festen Kokon. Der Netzstrumpf aber klebt zu einem vieladrigen Faden zusammen.

Puppenkokons der Schlupfwespe Sphecophaga vesparum

In den Waben von Wespennestern, oberirdisch oder unterirdisch, mit Hülle oder offen, im Sommer oder Winter, findet man häufig Zellen, die im oberen Drittel durch eine derbe braune Querwand abgeschlossen sind. Es ist der obere Teil des sehr fest gewebten Puppenkokons einer Schlupfwespe. Die Herbstlarven überwintern im Kokon und verpuppen sich im Frühjahr, wenn das Wespennest, falls es unterirdisch lag, längst zu einer modrigen Masse zerfallen ist, die Sommerpuppen entlassen bald die flinke Schlupfwespe, die sich ein rundes Schlupfloch in den Deckel nagt.

Brackwespe Apanteles sp. Eikokons

Die Brackwespen sind wenige mm lange, unscheinbare Raupenparasiten, die zur Verpuppung hervorbrechen und sich neben dem Opfer einspinnen. Jedem Gärtner bekannt sind die schwefelgelben "Raupeneier", in Häufchen um eine tote Kohlweißlingsraupe zusammengesponnen. Sie stammen von der Brackwespe Apanteles glomeratus. Bei einer verwandten Art der Magerrasen fertigen die Maden ein kunstvolles Gespinst mit wabenartig aufeinanderliegenden Zellen. Niemand weiß, wie und warum sie das tun.

Schlupfwespe Agriotypus armatus

Das Bild zeigt 2 Puppengehäuse der Köcherfliege Odontocerum albicorne. beide Larven hatten die Köcher vorne und hinten mit Steinchen verschlossen. Die eine Köcherfliege ist geschlüpft und hat dabei das Steinchen am Eingang abgestoßen; die andere ist nicht geschlüpft, statt dessen hängt ein Seidenband aus dem Köcher.
Die Schlupfwespenlarve spinnt es, nachdem sie die Köcherfliegenpuppe verzehrt hat, und schiebt es aus dem Köcher, dann verpuppt sie sich. Schneidet man das Band ab, so geht sie zugrunde. Man stellt sich vor, dass es der Atmung dient.

Blattlausschupfwespe Praon sp.

Die Larven der Praon-Arten entwickeln sich in Blattläusen. Die verpuppungsreife Larve bohrt sich aus der ausgefressenen Wirtshülle und spinnt zwischen ihr und der Unterlage ihren flach kegelförmigen Puppenkokon.
Verwandte Blattlausschlupfwespen (z.B. aus der Gattung Aphidion) verpuppen sich in der leeren Blattlaushaut. Dies ist zunächst ein nur schwacher Schutz, denn die Blattlaushaut ist sehr dünn. Merkwürdigerweise verstärkt die befallene Blattlaus vor ihrem Tod ihre Haut, so dass sie später die Schlupfwespenpuppe gut beschützt.

Spinnentöter Sceliphron sp.

3 einander sehr ähnliche Arten im Mittelmeerraum mit gleicher Brutbiologie.
Ursprünglich wohl unter Steinen und immer einzeln, heute aber fast nur an düsteren Stellen in Gebäuden auf den verschiedensten Unterlagen, fertigen die Spinnentöter von Juli bis September ihre Lehmnester. Sie bestehen aus bis zu 15 senkrecht stehenden Zellen von etwa 3 cm Länge und 15 mm Breite. Auch Einzelzellen kommen vor.
In den wärmsten Stunden des Tages raffen die Weibchen mit ihren langen Oberkiefern knapp erbsengroße Schlammkügelchen zusammen. Sie machen dabei eine Art Handstand und erzeugen mit Flügelschwirren einen "gefährlichen" Summton. Dann tragen sie die Schlammkugel in den Kiefern zum Nest. Hier fertigen sie von unten nach oben ihre halb zylindrischen Zellen, die innen sauber geglättet und außen wulstig sind, so daß man an der Zahl der Wülste die Zahl der verarbeiteten Lehmportionen ablesen kann. Meist sind es 15 bis 20.
Wenn eine Zelle fertig ist, geht die Wespe auf die Jagd nach mittelgroßen Spinnen der verschiedensten Verwandtschaft, die sie ansticht und gewöhnlich tötet. Unter den Spinnen finden sich vor allem Radnetzspinnen, und man nimmt an, dass die Wespe die Spinne im Flug angreift und aus dem Netz holt. Oft findet man im Nest Spinnen, die man ringsum trotz sorgfältigen Suchens nicht entdecken kann. Niemals erbeutet sie Trichterspinnen (Tegenaria-Arten), vielleicht, weil ihre Strategie bei diesen Spinnen versagt.
Schon die erste Spinne wird mit einem weißen, 3 mm langen Ei belegt; dann füllt die Wespe die Zelle mit 5 bis 12 weiteren Spinnen, je nach Größe, und verschließt die Zelle mit einem Lehmdeckel. Bei gutem Jagdwetter füllt sie die Zelle an einem Nachmittag, bei schlechtem Wetter kann es mehrere Tage dauern. Die Larve schlüpft bald und verzehrt eine Spinne nach der anderen, bis sie nach 8 bis 10 Tagen erwachsen ist und sich zur Verpuppung einspinnt, danach imprägniert sie ihren Kokon mit einem Sekret, so dass er pergamentartige Beschaffenheit annimmt. Die Wespen entwickeln sich teils noch im gleichen Sommer, die Herbsttiere überwintern als reife Larven im Kokon und verpuppen sich im nächsten Juni. Nachdem die Wespe Zelle an Zelle gebaut hat, erinnert das Nest zeitweise an einen Patronengurt. Wenn aber die letzte Zelle verschlossen ist, übermauert die Wespe das ganze Nest mit einer formlosen Lehmkruste, so dass es aussieht wie ein zufällig

verspritzter Schlammklumpen. Ganz ähnlich tarnen auch die Mauerbienen und unter den Lehmwespen die Delta-Arten ihr Nest, woraus man auf einen starken Selektionsdruck schließen muss. Das Baumaterial ist normaler Lehm, so dass die Nester im Regen zu Schlamm zerfallen würden. Darum findet man sie nur an Orten, die vor Regen geschützt sind.

Südliche Sandwespe
Ammophila heydeni

Die Sandwespen sind Gräber im Dienste ihrer Nachkommen. Mehrere Arten leben in Europa, die etwa 2 cm lange heydeni an sandigen Orten in Südeuropa und Nordafrika. Die Weibchen beißen und scharren mit den Vorderbeinen in verfestigtem Sand einen etwa streichholztiefen Schacht, der in eine seitlich liegende Kammer führt. Zum Scharren sind die Vorderfüße mit einem steifen Borstenkamm ausgerüstet. Aus der Tiefe schafft die Wespe die Sandladungen zwischen Kinn und Vorderbeinen zutage und verstreut sie fliegend in der Umgebung. Zum Abschluss sucht sie ein Steinchen, das so breit sein muss wie ihre abgespreizten Kiefer, mit denen sie auch zuvor schon die Weite des Schachtes vermessen hat. Mit dem Steinchen verschließt sie den Schacht - eine Vorsichtsmaßnahme gegen Kuckuckswespen und andere Parasiten. Alle Arbeiten geschehen mit rasender Geschwindigkeit.

Dann macht sich die Wespe auf die Suche nach einer haarlosen Raupe, lähmt sie durch einen Stich mit Nervengift und schleppt sie zum Nest.

Wahrscheinlich beginnt sie den Nestbau erst, wenn sie eine passende Beute geortet hat, denn staunenswert schnell ist sie wieder beim Nest, das sie anhand von sichtbaren Marken wiederfindet. Dafür hat sie Neststandort und Jagdgebiet in zahlreichen Orientierungflügen ausgiebig "studiert". Sie legt die Raupe am Nest ab oder hängt sie in einen Grasbusch, legt den Verschlussstein beiseite, trägt die Raupe ein und belegt sie mit einem Ei. Dann verschließt sie das Nest wieder mit dem Stein, fegt noch Sand darüber und beginnt mit der Anlage des nächsten Nestes.

Da heydeni nur kleine Raupen einträgt, mit denen die Larve nicht auskommt, muss die Mutter mehrmals Nachschub bringen. Meist hat sie mehrere Nester gleichzeitig zu versorgen und weiß offenbar, wo der Nachschub gerade am dringensten gebraucht wird. Nach der letzten Lieferung wird der Eingang besonders gut verschlossen und getarnt.

Das Brutverhalten der Sandwespen hat seit Generationen die Naturbeobachter fasziniert; viele Berichte darüber wurden veröffentlicht, aber keiner kann die eigene Beobachtung ganz ersetzen.

Einige weitere Sandwespenarten leben in Mitteleuropa, und jede hat ihre besonderen Strategien.

Kreiselwespe Bembix rostrata

Die etwa 2 cm lange Wespe brütet in kaum verfestigtem Sand in Binnendünen und Sandgruben. Das Weibchen gräbt an sonnigen Sommertagen einen etwa bleistiftdicken und bleistiftlangen Gang schräg abwärts zu einer Brutkammer. Dabei wirft sie mit den im Gleichtakt arbeitenden Vorderbeinen mit rasender Geschwindigkeit Sandgarben unter dem Körper hindurch nach hinten.
Die Kreiselwespe treibt Brutpflege nach Art der Vögel: Sie trägt der Larve in der Brutkammer getötete Fliegen zu, bis sie erwachsen ist. Zur Verpuppung und Überwinterung spinnt die Larve in ihrer Bruthöhle einen festen, mit Sand verarbeiteten Kokon. Nach jedem Besuch scharrt die Mutter den Eingang zur Bruthöhle mit lockerem Sand wieder zu, so dass er für das menschliche Auge vollkommen unkenntlich ist. Die Wespe findet ihn aber mühelos. Beim Zuscharren bedient sich die Wespe der gleichen Bewegungen wie beim Graben, nur dass sie dann nicht mit dem Kopf zum Eingang, sondern mit dem Rücken zum Eingang steht. Manchmal umlagern mehrere paarungsbereite Männchen das Weibchen bei seiner Arbeit.
Bei so guter Brutpflege genügen nur wenige Eier, um die Art zu erhalten.

Nesteingang einer Grabwespe Passaloecus sp.

Die Passaloecus-Arten sind 5 bis 6 mm lange schwarze Grabwespen, die für ihre Larven Blattläuse eintragen. Sie brüten meist in morschem Holz in den Bohrlöchern anderer Insekten, die sie bei Bedarf auch nagend ausbauen. Dann rieselt Nagemehl aus dem Eingang. Nachdem sie etwa ein bis zwei Dutzend Blattläuse eingetragen und mit einem Ei bedacht haben, fertigen sie eine Scheidewand und tragen weitere Blattläuse ein. Eine Röhre enthält meist 3 bis 5 Zellen. Als Letztes verschließen sie die Brutröhre mit einem Harztropfen, den sie in mehreren Portionen in Tröpfchen zwischen den Kiefern herbeitragen. Manche Harzverschlüsse werden dann noch mit Rindenteilchen getarnt.

Nest der Wegwespe Auplopus carbonarius

Die Wegwespen der Gattung Auplopus fertigen unter Steinen, liegendem Holz und an ähnlich dunklen Orten urnenförmige Brutzellen aus Erde oder zerkautem Holzmulm. Dann tragen sie eine durch einen Giftstich gelähmte Spinne in die Brutzelle, legen ein Ei dazu und verschließen sie mit einem Erddeckel. Gewöhnlich beißen sie der Spinne die Beine ab, wohl um sie besser transportieren können. Die Larve verzehrt die Spinne; die Puppenruhe dauert wenige Wochen, dann beißt sich die junge Wespe ein Loch ins Freie.

Wegwespe Anoplius viaticus

Die meisten Wegwespen erbeuten Spinnen, schleppen sie oft über 20 und mehr Meter an einen zum Vergraben günstigen Ort und heben dort eine Höhle aus, indem sie die Erde mit den Kiefern lockern und mit den Vorderbeinen unter dem Körper nach hinten wegscharren. Der Gang führt erst senkrecht in den Boden, biegt um und mündet in eine Kammer. Dann zerrt die Wespe rückwärts die gelähmte Spinne in die Höhle, belegt sie mit einem Ei und beißt und scharrt die Höhle wieder zu. Zum Abschluss wird der Aushub über dem Eingang mit dem Hinterleib festgestampft und bei manchen Arten noch mit Steinchen getarnt. Die Wespe arbeitet mit rasender Geschwindigkeit, und doch kann der Nestbau mehrere Stunden dauern.

Südliche Lehmwespe
Delta emarginatum

Diese hornissengroße Lehmwespe lebt im südlichsten Mittelmeerraum und weiter südlich. Nach dem Regen, wenn es überall feuchten Lehm gibt, beginnt sie mit dem Nestbau. Zuerst lernt sie in häufig wiederholten Orientierungsflügen den ausgewählten Brutplatz kennen; dann holt sie aus einer Pfütze einen erbsengroßen Lehmklumpen und knetet daraus mit den Kiefern einen Ringwall, das Fundament einer liegenden Zelle, die sie mit unbehaarten Eulenraupen füllt, die sie mit fabelhafter Geschwindigkeit herbeischafft, als hätte sie deren Aufenthaltsort schon vorher ausspioniert.

Die Raupen werden, so liest man es, mit Stichen in das Nervensystem gelähmt, aber das ist nicht ganz genau: Die Raupen können sich noch winden und wälzen und auch Kotballen abgeben, aber ihre Bewegungen sind nicht mehr geordnet, sie können nicht davonkriechen. Zur Eiablage ist in der Zelle kein Platz mehr für die Wespe, so steckt sie nur ihren Hinterleib hinein und befestigt das Ei an einem Faden an der Decke - unerreichbar für die sich windenden Raupen. Zum Abschluss wird die Zelle zugemauert. Gelegentlich schwirren juwelhaft leuchtende Feuergoldwespen um die Nester und versuchen, ihr Kuckucksei in die Zellen zu schmuggeln. Kommen während der Bauarbeiten trockene Tage, so sind die Wespen unauffindbar, aber wenn es geregnet hat und in den Pfützen wieder feuchter Lehm liegt, sind sie da, frischen ihr Ortsgedächtnis mit neuen Orientierungsflügen auf und mauern weiter Zelle neben Zelle, 5 oder 6 können es werden. Zum Abschluss wird das ganze Bauwerk mit einer dicken Lehmschicht verkleidet und sieht dann aus wie ein angeklebter Lehmklumpen.

Nassen Lehm gibt es am ehesten in Fahrspuren auf Wegen, Steine an Gebäuden, Raupen am ehesten in bewässerten Gärten; daher ist die Lehmwespe praktisch nur in Ortschaften zu finden. Eine nah verwandte Art mit gleicher Gestalt und schwarz-gelbem Hinterleib, Delta unguiculatus, ist auch nördlich der Alpen in warmen Gegenden zuhause, und auch diese Art findet sich nur in Ortschaften.

Lehmwespe Odynerus spinipes

Die geselligen Wespen graben im Frühsommer in Lehm- und Lösswände ihre Brutröhren und bauen aus dem Aushub eine lückig gemauerte, sehr zerbrechliche, kranartig nach unten gebogene Röhre. Innen endet der Brutgang mit mehreren Kammern, in denen die Wespe zunächst je ein Ei an einem Faden an die Decke hängt. Dann trägt sie etwa 20 kleine, durch einem Stich betäubte Käferlarven ein und verschließt die Zelle. In wenigen Wochen ist die Flugzeit der Wespen zu Ende, und sehr bald sind auch die Vorbauten verschwunden.

Die Käferlarven können sich noch krümmen und wälzen und bei Berührung um sich schlagen. Darum wohl spinnt sich die Larve nach den Schlüpfen an ihr Seil und benagt von oben her die Opfer. Nach der ersten Häutung lässt sie sich in das Getümmel fallen, um die restlichen Larven zu verzehren.

Pillenwespe Eumenes sp.

Die Pillenwespen bauen mit Lehm aus einer angetrockneten Pfütze, den sie mit Speichel zu einem Mörtel anrühren. Sie tragen ihn klümpchenweise zur Baustelle unter einem hohlliegenden Stein, an der Innenwand eines Schuppens, an einem Halm oder Ast, und verbauen ihn dort nach ihren Körpermaßen zu einer haselnussgroßen, kugeligen Zelle. Über Ring, Teller und Topf entsteht in etwa einer Stunde das urnenförmige Töpferwerk mit aufgesetztem Trichter, wobei die Wespe den Lehm mit den Kiefern zu einer dünnen Wand knetet. Innen ist die Wand glatt, außen wulstig, wobei jeder Ring von je einer Lehmportion stammt.

In der fertigen Urne hängt die Wespe an einem Faden ihr Ei auf, stopft dann eine Anzahl kleine, mit Gift gelähmte Spannerraupen durch die Öffnung und verschließt diese mit einem Lehmpfropf, wozu sie oft das Material aus dem Trichter verwendet.

Die Larve bleibt nach dem Schlüpfen zunächst in der Eihülle stecken und verzehrt von da aus den Raupenvorrat. Die fertige Lehmwespe beißt sich später irgendwo ein Loch in die Urne, die dann meist noch ihre Nachmieter findet.

Feldwespe Polistes dominulus
(gallica)

Dominulus baut nördlich der Alpen in Schuppen, Vogelnistkästen, unter überhängenden Steinen und Dächern, in Südeuropa auch offen an Zweigen.
Die eine Wabe ist stets unverhüllt und steht mehr oder weniger senkrecht, die Zellen sind aber immer nach unten geneigt, so dass kein Regenwasser eindringen kann. Kleine Waben stehen auf einer zentralen Säule, die größten auf mehreren recht fest verleimten. Die Zellen am Wabenrand sind klein und halbrund und werden, wenn darin Larven heranwachsen, ausgebaut. In einzelnen Zellen können Honigtropfen gespeichert sein.
Feldwespennester lassen sich zwar nicht heizen, wohl aber kühlen. Dazu befeuchten Arbeiterinnen das Nest und fächeln ihm mit Flügelschwirren Kühlung zu.
Die Nester werden durchaus verteidigt, aber der Stich der Wächter ist kaum schmerzhaft.

Die Nester aller sozialen Wespen in Mitteleuropa werden von einer befruchteten Königin nach der Überwinterung gegründet. Sie fertigt die erste noch runde, weinglasförmige Zelle. Die bekannte Wabenform entsteht erst durch den Zusammenbau mehrerer Zellen. Als Baumaterial verwenden die Feldwespen vergraute Pflanzenfasern, die sie von vorjährigen verwitterten Halmen abnagen.

Deutsche Wespe Vespula germanica

Die Deutsche Wespe baut meist unterirdisch, manchmal auch an sehr dunklen Orten in Kellern und Speichern große bis sehr große kürbisförmige Nester aus grauem Wespenpapier, das die Bauwespen von der vergrauten Oberfläche verwitterten Holzes abnagen. Sie haben auch schon bunt bedrucktes Papier verbaut und damit überraschende Farbeffekte erzielt.
Die Nester können einen Durchmesser von 80 cm erreichen, 14 Stockwerke enthalten, 10 000 Bewohner beherbergen und sind damit die größten Wespennester in Europa. Nördlich der Alpen werden die Nester im Herbst verlassen, in Südeuropa können sie auch mehrere Jahre Bestand haben. Die unterirdischen Nester werden von der Königin in einem Mauseloch begonnen, das dann von den Arbeiterinnen erweitert wird. Dazu weichen sie die Wände bei Bedarf mit Speichel ein und schaben Erde und Steinchen ab, die sie im Flug ins Freie befördern. Größere Steinchen werden aus der Höhle gerollt, noch größere durch Untergraben abgesenkt, so dass sich unter dem Nest ein Kiesbett bildet. Wenn man das Nest einige Tage nach dem Absterben des Volkes ausgräbt, so zeigt es sich schon verschimmelt und zerfallen.
Die Nester sind gegen Wärmeverlust gut isoliert und schon wegen ihrer Größe leicht zu heizen. Die Wespenheizung funkioniert einfach: Die "Heizwespen" "pumpen" mit ihrem Hinterleib, und die Muskelwärme teilt sich dem ganzen Stock mit. Auch eine Kühlung ist möglich: Die Wespen feuchten das Nest an und erzeugen mit Flügelschwirren Verdunstungskälte.

Gemeine Wespe Vespula vulgaris

Die meisten Nester liegen in Mäusegängen, oft einen Meter vom Eingang entfernt, und das ist wohl der ursprüngliche Standort. Die Arbeiterinnen erweitern die Höhle, wobei sie kleine Erdbrocken im Flug fortschaffen, größere Steinchen herausschleppen und noch größere unterminieren, so dass unter dem Nest ein Kiesbett entsteht. Oft findet man die Nester auch in dunklen Kellern und Speichern, in leeren Kisten und an ähnlichen Orten. Sie sind leicht kenntlich an ihrer warmbraunen Bänderung, die entsteht, weil die Wespen ihr Baumaterial aus zerborstenem, rotfaulem Holz herstellen. Die Nester können einen Durchmesser von 50 cm erreichen und einige Tausend Bewohner enthalten. Die Wände sind schuppig aufgebaut, bis 5 cm dick und so warm, dass die Wespen den ganzen Sommer hindurch die Innentemperatur bei 30 Grad mit einer Schwankungsbreite von wenigen Grad halten, auch wenn die Außentemperatur 15 Grad niedriger ist. An sehr heißen Tagen bringen die Wespen Kühlung, indem sie die Waben anfeuchten und dann mit Flügelschwirren anblasen. Ab Ende Juli entstehen außer den kleinen Arbeiterinnenzellen auch Waben mit größeren Zellen, in denen Männchen und junge Königinnen heranwachsen. Die Zellen können mehrmals für die Larvenaufzucht benutzt werden. Im Herbst, wenn keine Larven mehr heranwachsen, wird die "Klimaanlage" abgestellt. Solange das Nest wächst, wird es gleichzeitig abgerissen und aufgebaut, so dass es immer einen fertigen Eindruck macht.

Im Herbst, wenn nur noch wenige Wespen im Nest ausharren, beginnt bei den unterirdischen Nestern ein rascher Zerfall, und nach wenigen Wochen findet man in der abbröckelnden Höhle nur noch eine Schicht von verschimmelndem Moder. Nester in trockenen Speichern halten sich dagegen viele Jahre, und manche werden von einer Maus zum Schlafnest ausgebaut.

Sächsische Wespe Dolichovespula saxonica

Die grauen Kartonnester findet man meist an Dachbalken und Schindeln in nicht zu dunklen Speichern und selten auch in dichtem Gebüsch, und das war wohl der ursprüngliche Nistplatz. Die Nester sind anfangs ballonförmig mit mehreren Hüllen, die wie Zwiebelschalen ineinanderstecken. Später sind sie eiförmig mit einem kleinen, zur Seite weisenden Einschlupf am unteren Ende. Sie können kopfgroß werden und bis zu 6 Waben enthalten. An den Fundorten findet man meist auch verlassene und unvollständige Nester in allen Stadien des Zerfalls. Das Nest macht auch während des Aufbaus einen fertigen Eindruck, weil sich Neubau und Abbruch die Waage halten.

Nicht selten wird man durch ein kratzendes Geräusch auf die Wespen aufmerksam, wenn sie an Zaunlatten Holz für den Nestbau abschaben. Sie schreiten dabei rückwärts und rollen das abgeschabte Holz unter dem Kinn zusammen. Am Sammelplatz bleibt ein 2 mm breiter und bis 2 cm langer "nackter" Streifen sichtbar. Das Holz wird mit Speichel zu einem Klümpchen durchgekaut. Im Nest läuft die Wespe einige Zeit umher, ehe sie sich für den Platz entscheidet, wo sie ihr Material verbaut. Dabei reitet sie auf der Kante und knetet rückwärts schreitend einen Streifen auf die schon vorhandene Mauer. Erst ist er nass, nach dem Trocknen bleibt er als zentimeterlanger Streifen sichtbar, der sich durch seine Färbung abhebt.

Mittlere Wespe Dolichovespula media

Das Nest hängt stets in dichtem Laub an Ästen von Büschen und Bäumen, aber selten mehr als 3 Meter hoch. Es ist bis 25 cm lang, dunkel gebändert je nach der Farbe der verbauten Baumrinde und trägt am unteren Ende ein seitliches kleines Schlupfloch, das bei manchen Nestern am Ende einer schräg vorstehenden Röhre liegt. In der Öffnung warten stets recht angriffslustige Wächter.
Die Wand besteht aus bis zu 15 Hüllen, die zwiebelartig ineinander stecken und eine sehr gute Wärmedämmung ergeben. Das Nest wird im Sommer von 100 bis 200 Wespen bewohnt. Im August erlischt das Volk.

Nest einer Polybia-Wespe

Die Wespen der Gattung Polybia leben in der Tropenzone Südamerikas. Sie bauen wie die Verwandten Eumeniden mit Lehm. Wärmedämmung ist so nicht zu erreichen, sie ist im Tropenklima auch nicht nötig. Innen hängen die Waben nicht wie bei den heimischen Wespen nach Art eines Kronleuchters an einem zentralen Stiel, sondern sie sind nach Art der Decken in unseren Häusern ringsum an der tragenden Außenwand befestigt. Dafür gibt es einen Durchgang nach oben mit der Funktion des "Treppenhauses".

Hornissennest Vespa crabro

Das bis eimergroße Hornissennest hängt im Dachgebälk, in hohlen Bäumen, Gartenhäusern, in geräumigen Vogelnistkästen, aus denen es, wenn der Raum nicht ausreicht, zum einem Vorbau herausgebaut wird, und ausnahmsweise auch in unterirdischen Hohlräumen. Es besteht aus brüchigem, gelblichem "Wespenpapier", das die Hornissen durch Zerkauen von gelbmorschem Holz gewinnen. Die unterschiedlichen Farbstreifen sind jeweils das Ergebnis einer verbauten Holzportion von verschiedener Herkunft. Große Nester können 12 Waben untereinander enthalten. Die Säulen, an denen sie hängen, sind viel fester als die Zellwände: Die Hornissen verwenden eben beim Bau nirgends mehr Kittmasse als nötig. Die Wand des Hornissennestes ist vielkammerig und unten offen, so daß sich unter dem Nest ein Abfallhaufen sammelt, in dem mit den Resten zerbissener Insekten auch eine "Speisekarte" der Nestbewohner erkennbar wird.

Manchmal, wenn das Hornissennest zu eng geworden ist für die wachsende Einwohnerzahl, können sie auch ausziehen und in der Nähe eine "Zweitwohnung" einrichten; ein solches Satellitennest zeigt die zweite Aufnahme.

Hornissen können beim Nest sehr aggressiv sein, auch wenn man das häufig anders liest. Als ich mich einmal in Imkerkleidung ganz ruhig 2 Meter unter ein Hornissenest in einem Vogelnistkasten stellte, prasselten die erregten Nestbewohner wie Kies auf meinen Imkerhut, und als ich einmal meine Kamera auf einem Stativ 3 Meter vor einem Nest aufstellte, wurde sie einen halben Tag lang immer wieder "abgestochen", und als ich sie wegholte, war sie mit Tropfen von Hornissengift bedeckt.

Trotz und etwas auch wegen ihrer Bedrohlichkeit sind Hornissen faszinierende Tiere, und wo ihr Nest stört, da sollte man es nicht vernichten, sondern an einen sicheren Ort umsetzen. Für einen Mann in Imkerkleidung ist das nicht schwierig: Er kann das Nest von der Decke lösen, in einem Kasten abtransportieren und an dem neuen Ort mit langen Nägeln wieder befestigen. Die Hornissen lernen schnell ihre neue Heimat kennen und reparieren das beschädigte Nest.

In Südeuropa lernte ich die Orientalische Hornisse kennen. In ihrer Steppenheimat muss sie ihr Nest meist unterirdich in Tierhöhlen einrichten. Ich fand einmal ein Nest im Tischbein eines Gartenlokals, und die Hornissen kümmerten sich nicht um die Gäste auf den Stühlen.

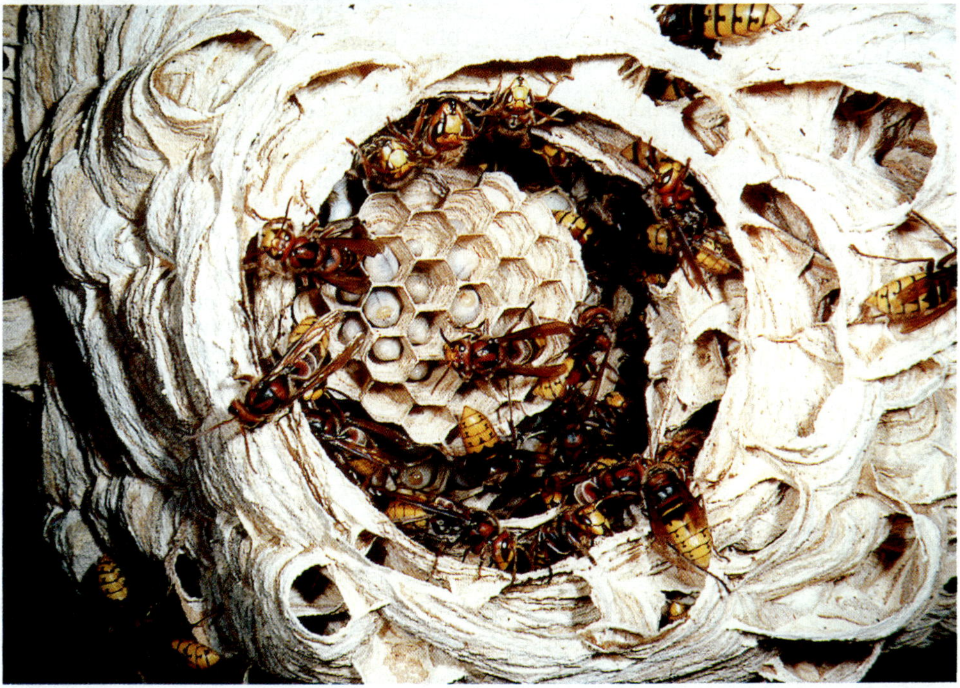

Zweifarbige Mauerbiene
Osmia bicolor

Die schwarzrot bepelzte Mauerbiene brütet in leeren Schneckenhäusern (fast immer von der Schnirkelschnecke) und treibt dabei eine übertrieben erscheinende Brutfürsorge. Im Mai kann man sie beobachten. Zunächst beklebt sie das für tauglich befundene Schneckenhaus mit Klümpchen aus zerkauten Blättern und dreht es mit der Öffnung nach oben, dann füllt sie den angemessenen Vorrat Blütenstaub und Nektar ein, legt ihr Ei und mauert die Zelle tief innen mit dafür bereitgelegtem grünen "Blätterzement" zu. Dann geht es nochmal richtig los: Sie füllt den Vorraum des Schneckenhauses mit Steinchen und verschließt es davor mit einer zweiten Querwand. Dann dreht sie das Schneckenhaus wieder so, daß es auf der Öffnung liegt, und gräbt darunter Erde ab, bis es etwa zur Hälfte im Boden versunken ist. Zum Abschluss verbirgt sie das Nest unter einem Haufen von Kiefernnadeln oder ähnlich großen Halmstücken. Bei beständig warmem Wetter ist die Arbeit in 2 Tagen getan, und die Biene wendet sich dem nächsten Schneckenhaus zu, denn ein halbes Dutzend Eier muss sie schon unterbringen, um die Art zu ten.

Nester der Roten Mauerbiene
Osmia rufa

Im Spätfrühling sieht man zuweilen am Rand von Wegpfützen Bienen bei einer unerwarteten Tätigkeit: Sie schaben Lehmklümpchen zusammen und fliegen damit davon. Es sind Weibchen der Roten Mauerbiene, die in Löchern aller Art ihre Brutnester baut, vor allem in den Gängen von holzbohrenden Insekten, in hohlen Pflanzenstengeln, aber auch in menschengeschaffenen Hohlräumen von verschiedener Gestalt. Aus den Lehmklümpchen mauert die Biene Brutzellen, die in engen Röhren vor allem aus Querwänden bestehen, in größeren Räumen aber auch Tonnenform haben können. Mit Pollen und Honig gefüllt, dienen sie den Larven als Behausung und Winterquartier.
Foto: Hans-Joachim Hage.

Brutzelle der Mauerbiene Osmia anthocopoides

Die Biene baut in Einsekungen von Steinen erst eine aufrecht stehende Zelle aus mit Steinchen armiertem Lehm. Sie füllt sie mit Honig und blauem Blütenstaub aus Natterkopfblüten und mauert sie sofort nach der Eiablage zu, wobei sie den Mörtel vom oberen Rand der Zelle wegnimmt. Das Bild zeigt die Nestanlage mit der ersten Zelle. Später werden noch weitere Zellen angebaut, und schließlich übermauert die Biene die ganze Anlage mit festem und feinem Mörtel, so dass sie am Ende einem Lehmklumpen gleicht. Offenbar gibt es Honigliebhaber mit guten Augen, die offenliegende Zellen angreifen würden. Ich habe da den Braunbär in Verdacht.

Niströhren der Seidenbiene Colletes daviesanus

Die Bienen graben in Löss- und Sandwände nicht ganz bleistiftdicke, manchmal gegabelte waagerechte Brutröhren, die zuweilen über mehrere Jahre benutzt werden. Die Wände der Brutzellen sind mit einem glasig-glatten Sekret austapeziert und dadurch undurchlässig für den eingetragenen Brei aus Honig und Blütenstaub.
An den Fundorten nisten die Bienen oft zu Tausenden, die die Brutwände mit ihren Röhren durchsieben. In den Röhren liegen die Zellen in Ketten hintereinander.
Die Brutwände sind Treffpunkt anderer Solitärbienen und Grabwespen, die hier ihrem eigenen Brutgeschäft nachgehen, aber man trifft auch auf Kuckucksbienen, parasitische Fliegen und Schlupfwespen.

Nest der Wollbiene Anthidium manicatum

Die Wollbienen fertigen Brutzellen aus Pflanzenwolle, die sie mit ihren sägezähnigen Kiefern von Königskerze oder anderen behaarten Pflanzen schaben und zu Kügelchen geballt zum Nest tragen.
Manicatum brütet in Hohlräumen aller Art wie in Holzspalten. Hier verarbeitet sie die Wolle mit pflanzlichen Klebstoffen zu Brutzellen, die sie mit Nektar, Blütenstaub und einem Ei versieht und verschließt. Am Ende verstopft sie den Nesteingang mit Steinchen und Holzstückchen.
Foto: Hans-Joachim Hage.

Nest der Mauerbiene Megachile parietina

Wo ausgetrocknete Wegpfützen und Felsen benachbart sind, hat man südlich der Alpen eine Chance, die Mauerbiene bei der Arbeit zu sehen. Meist sind einige Tiere damit beschäftigt, den vertrockneten Schlamm der Pfützen mit den Kiefern abzuschaben, mit Nektar anzuteigen und zu einer knapp erbsengroßen Kugel zu formen, die dann, zwischen Kinn und Vorderbeine geklemmt, zum Bauplatz geflogen wird. Hier, an einer Steinwand, mauert die Biene aufrecht stehende, 2 bis 3 cm hohe und etwa 1 cm weite tonnenförmige Zellen, die außen mit einem Pflaster aus Steinchen verstärkt werden. An einer Zelle arbeitet sie etwa 2 Tage. Dann wird die Zelle mit einem Brei aus Nektar und Blütenstaub zur Hälfte gefüllt, das Ganze noch mit dem Rüssel verrührt, mit einem Ei belegt und sofort mit eigens dafür mitgebrachtem Mörtel eingemauert. Anschließend beginnt die Biene mit dem Bau einer Nachbarzelle, die sich an die schon vorhandenen Zellen anlehnt. Mit 5 bis 10 Zellen ist das Bauwerk vollständig und bekommt zum Abschluss der Arbeit und auch des Bienenlebens einen dicken Überzug aus besonders feinem Mörtel. Das fertige Nest hat etwa Form und Größe einer halbierten Mandarine und ist so fest, dass man es nur mit einem Werkzeug beschädigen kann. Im nächsten Frühsommer beißen sich die jungen Bienen in tagelanger Arbeit ein gemeinsames Schlupfloch, und das verlassene Nest wird mit der Zeit von irgendwelchen Nachmietern besiedelt.

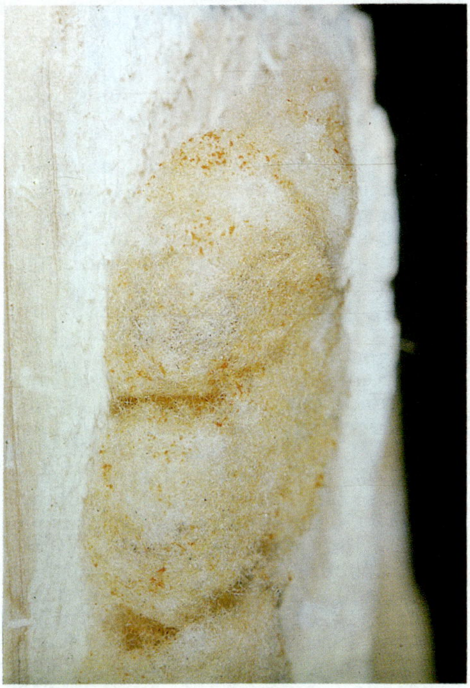

Honigbiene Apis mellifera

Die Honigbiene ist zwar Haustier, aber ungezähmt und nicht auf den Menschen angewiesen. Ihre Waben baut sie ausnahmsweise im Freien, etwa unter einem starken Ast, sonst aber in Höhlen. Sie sind so gut untersucht, dass hier nur Platz ist zum Aufzählen von einigen Einzelheiten:
Nur Jungbienen im Alter zwischen 10 und 20 Tagen können Wachs ausscheiden, und das nur bei einer Temperatur um 35 Grad, wie sie im Bienenstock herrscht. Das Wachs ist dann weich und knetbar. Es erscheint als Schüppchen auf der Bauchseite der Biene, wird auf Dornen am Hinterbein aufgespießt, weichgekaut und an der richtigen Stelle verbaut. 1 Kilogramm Wachs ist das Lebenswerk von 150 000 Bienen. Wenn der Bau einer Wabe an 2 Stellen beginnt, so stoßen sie in der Mitte ohne Naht zusammen, ein Wunder der Planung. Die Dicke der Zellwand wird auf 1/500 mm genau gearbeitet. Die senkrechte Ausrichtung der Waben wird anhand der Schwerkraft bestimmt, wie das auch der Maurer mit dem Senkblei tut. Die Querrichtung richtet sich nach dem Magnetfeld der Erde. Die Zellen steigen nach außen mit einem Winkel von 13 Grad an, so dass der zähe Honig nicht heraustropft. Gefüllte Zellen werden mit einem Wachsdeckel verschlossen, Das Wachs dafür haben die Baubienen am oberen Zellrand als Wulst bereitgestellt. Wachs ist sprichwörtlich wachsweich, aber die Wabe ist so raffiniert gebaut, dass sie das 50-Fache ihres Leergewichtes tragen kann, und zugleich mit dem geringsten Materialverbrauch aufgebaut, der sich denken lässt.

Nest der Indischen Zwergbiene Apis florea

Die Indische Zwergbiene baut eine zierliche, gut handtellergroße senkrecht hängende Wabe mit Zellen auf beiden Seiten an einem Zweig im Gebüsch, immer aber mit Blick auf den freien Himmel. Beiderseits der Wabe wird der Zweig mit einem Ring aus klebrigem Harz versehen, der kleineren Honigdieben den Zugang erschwert. Gewöhnlich herrscht auf der Wabe ein solches Gewimmel, dass man die wächserne Konstruktion gar nicht zu sehen bekommt. Sie enthält Zellen verschiedener Größe: Die meisten Zellen dienen der Aufzucht von Arbeiterinnen, tiefere Zellen dienen als Honigtöpfe, weiter unten findet man größere Zellen zur Aufzucht der Drohnen und am unteren Rand noch tönnchenförmige Weiselzellen zur Aufzucht junger Königinnen. Oben auf der Wabe liegt ein ebener "Tanzboden". Hier tanzen jene Arbeiterinnen, die eine ergiebige Nektarquelle entdeckt haben, und bewegen sich dabei in dem Winkel zur Sonne, in dem ihre Kolleginnen losfliegen sollen, um die Nektarquelle zu finden.
Wenn die Zwergbienen umziehen, so zernagen sie das alte Nest und nehmen das Wachs in Form von "Höschen" mit zur Wiederverwendung beim Bau des neuen Nestes.

Riesenhonigbiene Apis dorsata

Diese größte Honigbiene lebt in Indien und hängt ihre Wabe an die Unterseite von Asten in lichten Bäumen oder an überhängende Felsen. Die Wabe kann bis 2 Meter breit und ähnlich hoch sein. Immer muss von der Wabe aus der Himmel sichtbar sein, denn ohne den Blick zum Himmel können die Bienen ihren Stammesgenossen nicht die Richtung einer ergiebigen Nektarquelle anzeigen.
Dieser Biene wegen ziehen Honigsammler in den Dschungel und ernten, nur mit einem Bündel schwelenden Grases gegen die Bienenstiche geschützt, den Honig. Viele fallen dabei auch dem Tiger zum Opfer.

Nest der Steinhummel Bombus lapidarius

Die Königin beginnt ab März mit dem Nestbau, meist in einem Mauseloch, aber auch unter Steinen und Brettern, unter Moos, im Heu in Scheunen, in Vogelnistkästen, ausnahmsweise auch in vorjährigen Vogelnestern. Sie fertigt aus den vorgefundenen Pflanzenteilen oder Tierhaaren mit Kiefern und Beinen ein mehr als walnussgroßes dickwandiges kugeliges Nest mit seitlichem Einschlupf. Dann fertigt sie aus Hummelwachs, einer bröckeligen Masse aus Wachs, Knospenharz, Honig und Blütenstaub zuerst einen oben offenen Honigtopf, der Vorrat für etwa einen Tag enthält, und dann eine Eikammer, in der bald die ersten Larven schlüpfen. Die Eikammer wird wie bei den Wildbienen mit einem Vorrat von Blütenstaub und Honig beschickt. Die Königin heizt ihre Eikammer mit ihrer Körperwärme, so daß die Larven auch im noch winterkühlen Erdreich bei einer Temperatur um 30 Grad rasch heranwachsen. Die brütende Hummelkönigin ist also kein wechselwarmes Tier, sondern zeitweise ein Warmblüter. Mit dieser Strategie konnten Hummeln bis in die arktische Tundra vordringen. Hier ziehen sie allerdings keine Arbeiterinnen mehr auf, sondern gleich junge Königinnen und Hummeldrohnen.

Das zweite Bild zeigt ein Hummelnest auf dem Höhepunkt seiner Entwicklung Ende Juli. Jetzt ist es bis auf das Schlupfloch von einer Wachshülle umgeben. Nahe dem Eingang stehen einige Honigtöpfe; die auffälligsten Gebilde im Nest sind aber die eiförmigen gelben Puppenkokons, die viel fester gesponnen sind, als es nötig erscheint. In den verlassenen Puppenkokons kann auch Blütenstaub gespeichert sein. Das Wachs der verlassenen Larvenkammern wird abgenagt und für neue Bauarbeiten verwendet. Daneben erkennt man einige kartoffelförmige braune Larvenkammern, die jede mehrere Larven enthalten. Die Kammern werden täglich aufgebissen, um die Larven zu füttern, und dann wieder verschlossen. So sind sie immer hauteng um die wachsenden Larven gebaut. Einige kleine, halbkugelige Eikammern sind auf die Puppenkokons gesetzt. Die Königin ist jetzt nicht nur an ihrer Größe zu erkennen, sondern sie hat sich bei der Arbeit im Nest auch den Pelz abgescheuert. Im Nest herrscht jetzt ständig eine Temperatur von 30 bis 32 Grad, und die Luftfeuchtigkeit liegt bei gesunden 70 %.

Hügel der Schwarzen Wegameise
Lasius niger

Lasius niger ist die Ameise der Vorgärten und Gehwege und die häufigste Ameise im Umkreis des Menschen. Unter den Steinplatten eines Fußwegs baut sie unterirdisch, in Wiesen tritt sie als Kuppelbauer in Erscheinung, wobei die Kuppel so hoch gebaut wird, dass sie reichlich Sonne mitbekommt. Vorhandene Halme werden nicht angetastet und geben dem Bau Festigkeit wie die Armiereisen dem Stahlbeton.
Im Labyrinth des Inneren werden die Larven je nach Wetterlage hin- und hergeschleppt. Wird die Wiese gemäht, so errichten die Ameisen erst dann neue Kuppelbauten, wenn das herangewachsene Gras das Bodennest zu sehr beschattet. Die Nester werden ständig ausgebessert, besonders nötig ist das nach jedem Regenguss.

Glänzendschwarze Holzameise
Lasius fuliginosus

Die lackschwarzen Ameisen fertigen schwammartig durchlöcherte Kartonnester aus einer Mischung von zerkautem Holz und Blattlaushonig, wobei der Zuckergehalt auf 50 % steigen kann. Die Wände sind durchzogen von Pilzfäden, die ihnen Festigkeit geben. Unter dem Kartonnest liegen noch geräumige unterirdische Kammern, in denen das Volk überwintert.
Meist liegen die Nester in hohlen Bäumen; man fand sie auch schon in Dachsbauen und finsteren Kellern.
Vom Nest gehen Ameisenstraßen aus, auf denen bei gutem Wetter lebhafter Verkehr herrscht.

Von Lasius brunneus ausgehöhlter Baum

Diese Lasius-Art ist Baumbrüter vor allem in Laubbäumen, seltener in Nadelbäumen an lichten Standorten. Kleinere Kolonien liegen unter der Rinde bis in den Kronenbereich, größere Kolonien finden sich in morschen Stämmen und Stubben, mancherorts auch in und an Gebäuden in Balken, die sie rasch zerstören. Die Nester gleichen den auf Seite 158 vorgestellten Rossameisennestern, nur sind die Gänge, den etwa 5 mm langen Lasius-Arbeiterinnen angepasst, bedeutend enger.

**Nest einer Ernteameise
Messor sp.**

Die Nester der Ernteameisen liegen unterirdisch, fallen aber auch über der Erde auf durch Ringwälle aus Sandkörnchen um die Eingänge, die stets auf vegetationslosem Grund liegen. In einigem Abstand vom Nest können aber auch verlorengegangene Sämereien auskeimen und grüne "Ameisenäcker" bilden. In den Morgen- und Abendstunden tragen aus den Eingängen Heerscharen von Arbeiterinnen Erdaushub und legen die Körnchen stets im gleichen Abstand vom Eingang nieder, so dass bis zu meterbreite Ringwälle entstehen. In der Mittagshitze ruht die Bautätigkeit, und vielleicht verweht der Mittagswind den aufgehäuften Sand. Vom Nest gehen sternförmig Straßen aus, auf denen in den kühleren **Tagesstunden** unzählige Arbeiterinnen allerlei Pflanzenmaterial, tote Insekten und vor allem Sämereien ins Nest schaffen.
Unter der Erde können die Nester bis 3 Meter tief und bis 50 Meter weit sein. Sie enthalten zahlreiche bis brotlaibgroße Kammern mit aufs Feinste geglätteten Wänden. Hier liegen Millionen von Samen, teilweise nach Arten sortiert und hier werden sie von "Soldaten" durch stundenlanges Kauen für die Ernährung zubereitet. In anderen Kammmern liegen die Larven und in wieder anderen, den Grabkammern, allerlei Abfälle und vor allem tote Ameisen. Die Nester sind eine Welt für sich, in der auch Diebsameisen, Ameisengäste aus verschiedener Verwandtschaft und ameisenfressende Spinnen ihr Auskommen finden.

Ameisenstraße

Ameisenstraßen kennt man nur bei größeren Arten mit individuenreichen Völkern. Bei der Roten Waldameise gehen sie sternförmig vom Nest aus, und man kann man sie bis 80 Meter weit verfolgen, wenn auch mit abnehmender Verkehrsdichte. Die Ameisen halten die Straßen sauber und frei von jedem Bewuchs.
In den Tropen gibt es Straßen mit 2 "Fahrspuren"; auf der einen laufen die Ameisen vom Nest fort, auf der anderen kehren sie mit Beute beladen zurück. Auch Tunnelbauten kommen vor, etwa bei Lasius fuliginosus.
Die tropischen Treiberameisen stellen beiderseits am Straßenrand "Soldaten" auf, die dort ausharren, bis der Strom der Arbeiterinnen vorübergeflossen ist.

"Blattlausstall" der Schwarzen Wegameise Lasius niger

Manchmal überbauen Ameisen, die Blattläuse betreuen, ihre Herde mit einem Dach und bringen das Baumaterial dafür, meistens Erdbröckchen, von weither. Diese Bauten werden, wie auch überbaute Ameisenstraßen, als Galerien bezeichnet. Die Ameisen im Bildbeispiel brüteten in einem morschen Holzstubben über nassem Moorgrund und haben den Aushub aus ihrem Nest zum Bau der Blattlausgalerie benützt. Die Bauten sind nicht sonderlich stabil und können schon von einem Regenguss fortgespült werden.
Es ist rätselhaft, wie sich die Ameisen zu diesem recht seltenen Gemeinschaftswerk entschließen konnten.

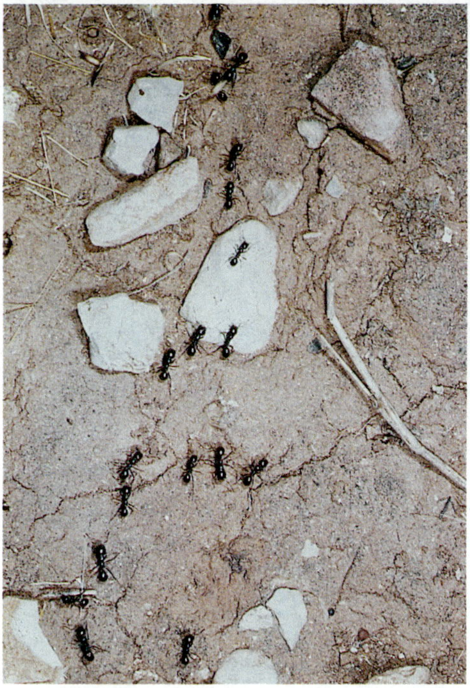 

Hügel der Roten Waldameise Formica rufa

Mit bis 2,5 m Höhe (bis zur Zimmerdecke) und 4 m Breite errichtet die Rote Waldameise in Jahrzehnten den größten Tierbau in Mitteleuropa, vielleicht im Wettbewerb mit dem Seeadler. Der Ameisenbau ist nicht schön, aber zweckmäßig. Die feste Deckschicht lässt auch Dauerregen nur wenige cm eindringen; weiter unter ist der Bau locker mit vielen Kammern, von denen auch die Untersten dem Druck von oben standhalten.
Das Baumaterial wird aus bis zu 50 m Entfernung in tagelangen Märschen herbeigeschafft, wobei sich viele Träger ablösen. Auch im Nest wird das Material ständig umgeschichtet. An kühlen Tagen verschließen die Ameisen die Pforten, an heißen Tagen öffnen sie neue und halten so die Innentemperatur den Sommer über zwischen 25 und 31 Grad. Zudem verteilen sie die Wärme durch eifriges Umherlaufen zwischen warmen und kühlen Räumen, das sogenannte Wärmetragen, im ganzen Bau, und die Brut wird dahin gebracht, wo Wärme und Feuchtigkeit am bekömmlichsten sind. Wird der Hügel dauernd beschattet, weil ringsum Wald hochgewachsen ist, so geht das Volk zugrunde, und der Hügel sinkt rasch in sich zusammen.
Unter dem Ameisenhaufen reichen Gänge und Kammern etwa so tief, wie er hoch ist. Dort unten überwintert das Volk in Kältestarre. Sobald die Frühjahrssonne den Hügel oberflächlich erwärmt, beginnen die Wärmeträger ihre Arbeit, und bald erwacht das ganze Volk bei einer Temperatur um 20 Grad aus der Winterruhe.

Nest der Rossameise Camponotus sp.

Die bis 18 mm langen Königinnen der Rossameisen nagen sich zur Nestgründung eine Kammer in morsches Holz, wo sie erste winzige Arbeiterinnen heranziehen, die dann den Nestbau erweitern. Dabei entfernen sie das weiche Holz des Frühjahrswuchses und lassen das harte Spätsommerholz weitgehend stehen. So modellieren sie die Jahresringe heraus. In Weichholzbäumen wie Fichte und Kastanie greifen sie später auch das gesunde Holz an und können ihr Nest bis in 10 Meter Höhe vorantreiben. Spechte erkennen die befallenen Bäume und schlagen Loch über Loch in den Stamm, bis er an eine Flöte erinnert. Früher oder später fällt der ausgehöhlte Baum in einem Sturm.

Blattschneiderameisen

Jeder Reisende im südamerikanischen Urwald kennt die Blattschneiderameisen, wie sie auf bis 800 m langen Straßen dahineilen, jede Heimkehrende mit einem hastig ausgeschnittenen pfenniggroßen Blattstück in den Kiefern. In wenigen Stunden können sie einen Baum entlauben.
Die Nester liegen unterirdisch, reichen bis 5 m tief und gehören zu den größten Tierbauten überhaupt, mit mehr als einer Million Einwohnern. In bis zu eimergroßen Kammern werden die Blätter zerkaut, eingespeichelt, mit Exkrementen gedüngt, zu schwammigen Massen geformt und mit einem Pilz geimpft, den es nur in Ameisennestern gibt. Die Ameisen unterdrücken das Aufkommen anderer Pilze und Bakterien und ernähren sich vom Überschuss des Pilzes.

Flötenakazie

In den ostafrikanischen Savannen wächst eine Akazie, deren Dornen zu kastaniengroßen "Gallen" angeschwollen sind. Die Wände sind verholzt, innen sind sie hohl. Diese Gallen bewohnt die Ameise Crematogaster tricolor. Die Gäste müssen nur noch ein Schlupfloch nagen und für den Innenausbau sorgen, und den ersparen sie sich häufig auch.

Wenn man den Zweig erschüttert, so stürzen die Ameisen hervor und scheiden ein übelriechendes Sekret ab; zudem können sie ordentlich zwicken. Baumeister ist hier die die Pflanze, und sie wird schon ihren Nutzen davon haben.
Der Wind soll, wenn er über die Löcher streicht, wie auf einer Flöte einen Ton erzeugen.

Weberameise Oecophylla smaragdina

Im tropischen Regenwald entfaltet sich das Leben vor allem in der Kronenregion, und die Ameisen sind dorthin gefolgt. An Ästen fertigen manche Arten Kartonnester, die Weberameisen spinnen lebende Blätter zu faustgroßen Nestern zusammen. Dabei kommt es zu einem interessanten "Werkzeuggebrauch": Das Spinnvermögen ist den Larven vorbehalten, aber als beinlose blinde Maden sind sie nicht zum Nestbau fähig. Die Ameisen selber sind dagegen geschickt und langbeinig. Beim Weben fasst die Arbeiterin eine Larve im Rücken und bewegt sie wie ein Maler den Pinsel. Die Larve scheidet dabei den anfangs klebrigen Faden aus. Ihr Körper ist zeitweise zur Hälfte von Spinndrüsen erfüllt. Zugleich ziehen andere Arbeiterinnen die Blätter als lebende Klammern zusammen. Der Nesteingang wird ebenfalls auf optimale Größe zugesponnen. Eigenartigerweise spinnen sich die sonst so spinntüchtigen Larven keinen Puppenkokon. Ihre Seide wird für Wichtigeres gebraucht: den Nestbau. Ist der Abstand zwischen zwei Blättern größer als die Reichweite einer Ameise, so bilden mehrere Ameisen einen Turm, und nur die oberste führt die Larve. Andere Arbeiterinnen bilden Ketten und ziehen die Blätter notfalls stundenlang zusammen.
In manchen Nestern finden sich neben der Königin, den Eiern und Larven auch Blattläuse, die Pflanzensäfte saugen und ausscheiden, von denen sich die nicht zum Saugen fähigen Ameisen ernähren.

Dreistachliger Stichling
Gasterosteus aculeatus

Die Stichlinge gehören zu den wenigen Fischen, die Nester bauen. Ein Kunstwerk ist nicht zu erwarten, da ihre Werkzeuge nur Maul und Flossen sind.
Die Männchen des Dreistachligen Stichlings legen im Frühjahr ein leuchtend buntes Hochzeitskleid an und besetzen im Flachwasser ein Revier, das sie energisch gegen Eindringlinge verteidigen. In ihrem Revier schlagen sie mit den Flossen eine flache Grube aus, tragen darin einen Haufen Wasserpflanzen zusammen und verleimen ihn mit einem Drüsensekret. Dann bohren sie mit der Schnauze eine Röhre durch den Haufen, und fertig ist das Nest.
Zeigt sich nun ein Weibchen in der Nähe, das durch den prall mit Eiern gefüllten silbrigen Bauch auffällt, so zeigt ihm das Männchen mit tanzenden Bewegungen den Weg zum Nest. Das Weibchen schlüpft hinein, legt innen seine Eier ab und schlüpft auf der anderen Seite wieder heraus. Damit hat es seinen Teil getan. Das Männchen schlüpft nun ebenfalls in das Nest und besamt die Eier. Danach bezieht es wieder Wache vor dem Nest und versucht, weitere Weibchen zur Eiablage zu bewegen. Ist das Nest voll, so vertreibt das Männchen auch legebereite Weibchen.
Von nun an verteidigt der Vater das Nest mit wildem Mut durch Rammstöße und Bisse. Er repariert das Nest und fächelt ihm Frischwasser zu. Nach etwa einer Woche schlüpfen die Jungen. Wenn sie Tage später das Nest verlassen, bleiben sie zunächst noch unter väterlicher Bewachung als Schwarm zusammen. Hat sich eines verirrt, so verschluckt es der Vater und speit es in den Schwarm zurück. Nach einigen Wochen zerstreuen sich die Jungen, und der Vater baut neue Nester, bis er im Spätsommer müde wird und auch seine "Hochzeitsfarben" verliert.

Bruthöhle der Siedleragame

Die meisten Echsen legen pro Jahr etwa ein Dutzend Eier, eine Zahl, die ohne wirksame Brutfürsorge nicht ausreichen würde. Bei den Agamen wie bei den meisten heimischen Eidechsen werden sie vergraben. Das Weibchen scharrt mit beiden Vorderbeinen abwechselnd ein Loch, so tief es reichen kann, dann rückt es vor und lässt seine Eier in die in die Grube fallen.

Kreuzkrötenquappen Bufo calamita

Die Kreuzkröten entwickeln sich meist in flachen Regenwassertümpeln. Dort sind sie zwar sicher vor jenen Feinden, die nur in ausdauernden Gewässern leben, aber dafür sind sie von Austrocknung bedroht.
Die Kreuzkröten haben dagegen 2 Strategien entwickelt: Erstens können sie schon mit 4 Wochen als winzige Krötchen das Wasser verlassen; zweitens schlagen größere Quappen bei beginnendem Wassermangel Trichter in den Schlick, wo das Restwasser zusammenläuft. Groß ist der Zeitgewinn nicht, aber auch ein kleiner Vorteil hat über viele Generationen hin eine große Wirkung.
Auch die Vertrockneten haben nicht umsonst gelebt: Ihre Körper düngen den Boden, und im nächsten Frühjahr können die Quappen ihre Entwicklung ein paar Tage früher beenden.

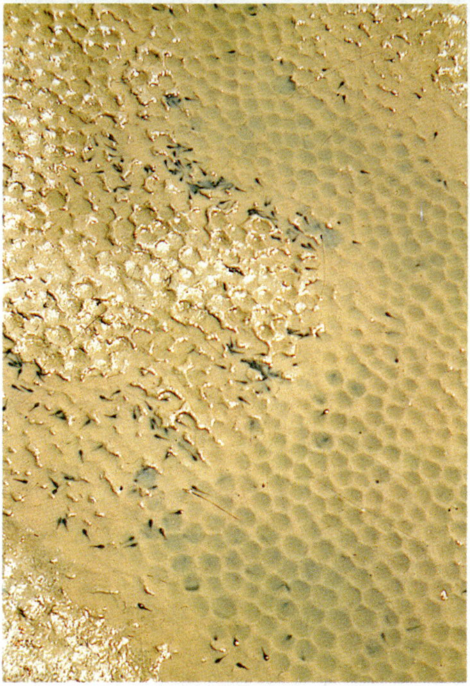

Höhlung fallen. Anschließend scharrt es das Loch wieder zu. Die Eier liegen nahe genug an der Oberfläche, um von der Sonnenwärme erreicht und ausgebrütet zu werden.

Balzallee des Seidenlaubenvogels
Ptinolorhynchus violaceus

Während die Balznester der Webervögel, des Zaunkönigs und der Beutelmeise nach späterem Ausbau auch als Brutnester verwendet werden, kann man bei den Balzbauten der Laubenvögel nicht mehr von Nestern sprechen - sie dienen nur noch als Schaustücke für die Weibchen und werden dafür besonders geschmückt.

Die 16 Arten der Laubenvögel leben wie ihre nächsten Verwandten, die Paradiesvögel, in Wald- und Buschland in der australischen Region. Im Unterschied zu den Paradiesvögeln sind die männlichen Laubenvögel unscheinbar gefärbt - um so prächtiger sind ihre Balzbauten. Alle Arten säubern zunächst ein Stück Waldboden, dann fertigt jede Art eine andere Balzlaube. Der Seidenlaubenvogel gehört zu den "Alleebauern"; er steckt aus Zweigen einen Gang zusammen, vor dem er allerlei bunte Gegenstände ausbreitet. Früher waren das vor allem Schneckenhäuser und auch Blumen, heute kommen Deckel von Bierflaschen, Knöpfe und Glasscherben dazu.

Während der Balzzeit ist das Männchen mit seiner Laube sehr beschäftigt, zudem lässt es nur hier seinen bescheidenen Gesang hören. Nähert sich ein Weibchen, so tanzt und springt das Männchen um seine Laube, nimmt Schmuckstücke in den Schnabel und zeigt überraschend bunte Gefiederteile, bis das Weibchen die Laube betritt. Dort kommt es zur Begattung.

Laubenvögel kennen keine Ehe. Das unscheinbare Weibchen baut alleine irgendwo ein napfförmiges Nest und zieht seine Jungen alleine auf.

Nest des Siedelwebers
Philetarius socius

Dieses wohl ungewöhnlichste Vogelnest kann nur in Gemeinschaftsarbeit eines Vogelschwarms erbaut werden. Zunächst bauen die **Trupps** in einem Baum oder Telegrafenmast ein solides Dach, in das die in Einehe lebenden Paare dann ihre Brutkammern bauen. Innen ist es an den glühend heißen Wüstentagen der Kalahari angenehm kühl und in den kalten Wüstennächten immer noch warm.

Die Eingänge starren nach außen von spitzen Halmen, so daß ein Feind sich einem Abwehrriegel gegenübersieht.

Die Vögel werkeln jahraus jahrein an ihrem Gemeinschaftsnest, das in der **tierarmen** Halbwüste Treffpunkt für vielfältiges Leben ist. In ihrem Schutz wohnen Papageien, Prachtfinken und Zwergfalken, aber auch Eidechsen und Schlangen. Auf dem Dach brüten zuweilen Greifvögel und Eulen.

Das Ende des Nestes ist vorgegeben: Früher oder später bricht der Baum unter seiner Last zusammen.

Maulwurfshaufen Talpa europaea

Seine Vorderbeine sind als Grabschaufeln, die Hinterbeine als Nachschieber gestaltet. Das staub- und wasserabweisende Fell lässt sich gleich leicht nach vorne wie nach hinten streichen, Augen und Ohren sind bis zur Bedeutungslosigkeit reduziert, der Kopf sitzt ohne Hals auf einem walzenförmigen Körper - so kann nur ein unterirdisch lebendes Tier aussehen. Beim Graben macht der Maulwurf eine Art Schwimmbewegung, darum spricht man bei ihm vom "Schwimmgraben" im Unterschied zum "Scharrgraben" der Mäuse und Kaninchen. In der Tat ist der Maulwurf bei Bedarf auch ein guter Kraulschwimmer. Beim Auswerfen der Haufen schiebt der Maulwurf die Erde mit dem Kopf nach oben.
Zwischen den zahlreichen Hügeln im Revier liegt etwa zentral der Riesenmaulwurfshaufen. Unter ihm liegt das Maulwurfnest, warm mit Heu gepolstert, Schlafplatz, Wärmestube und Kinderstube für die nackt geborenen Jungen. Im Nest kann man in den Sommermonaten den Maulwurfsfloh entdecken, den größten deutschen Floh.
Vom Nest aus führen Laufgänge in das Revier. In diese fallen mit der Zeit Würmer, Engerlinge und Erdraupen, die der Maulwurf nur aufsammeln muss. Er ist sehr gefräßig und ungeheuer muskulös, passend zu der Schwerstarbeit unter der Erde.

Schermaus Arvicola terrestris

Die Schermaus heißt zu Recht auch Wühlmaus, denn sie baut als Einzelgänger umfangreiche und bis halbmetertiefe Röhrensysteme unter der Erde mit Wohnkesseln, Vorratskammern und Ausgängen über und am Ufer auch unter Wasser. Im Garten, wo Wurzeln sie nicht stören, gräbt sie auch wenige cm unter der Oberfläche, so dass sich der Gang über der Erde als Wall abzeichnet. Von den Maulwurfsgängen unterscheidet sich der Schermausgang durch seinen vielfach geknickten Verlauf. Den Aushub türmt sie zu falschen "Maulwurfshaufen". Öffnet man einen Gang, so stopft der Insasse die Öffnung nach wenigen Minuten wieder zu.
Wo ein hoher Grundwasserspiegel Erdarbeiten unmöglich macht, baut die Schermaus ihre Nester über der Erde und im Wasser auf einer Plattform aus zerbissenen Wasserpflanzen. Selten findet man auch Nester bis kniehoch im Ufergebüsch oder auf umgeknickten Schilfhalmen. Zum Nestbau verfügt die Schermaus nur über 3 Techniken: Sie zerfasert die Halme, ordnet sie mit den Vorderbeinen (die sogenannte Tapezierbewegung) und dreht sich vielmals im Kreis. So entsteht ein warmes Kugelnest, das auch, ähnlich wie ein strohgedecktes Haus, bei Regen inwendig trocken bleibt. Der Eingang wird gewöhnlich verschlossen. Unterirdische Nester liegen oft unter einem besonders großen Erdhaufen und bestehen vor allem aus feinen Würzelchen.
In dem warmen und weichen Nest werden die Jungen nackt geboren, in den ersten Tagen gewärmt und nach einer Störung im Maul in ein Notnest getragen oder, bei Nestern über dem Wasserspiegel, schwimmend in Sicherheit gebracht. Schon mit 10 Tagen machen sie ihre ersten Ausflüge.
Im Schilf verrät sich die Schermaus durch schwimmende Plattformen aus zerbissenen Schilfhalmen. Auf diesen Plattformen nimmt sie ihre Mahlzeiten ein, und hier macht sie auch einmal ein Schläfchen.

Biberburg Castor fiber

Nur wo hoher Grundwasserspiegel oder steiniger Untergrund ein Bauen unter der Erde nicht zulassen, errichtet der Biber aus Knüppeln, Zweigen und Erde seine "Burg". Sie enthält einen oder mehrere Kessel, jeder etwa 1 m breit und 1/2 m hoch. Vom Kessel führen ein oder mehrere Röhren zu Ausgängen, die immer unter Wasser oder Eis liegen.

Biberburgen können so alt werden wie Häuser und 3 m hoch und 12 m breit sein. In solchen Großbauten leben dann mehrere Familien.

Im Herbst rammt der Biber Äste am Fuß der Burg in den Gewässergrund. Ihre Rinde dient im unter dem Eis als Nahrung. Ein besonders locker gebauter Kamin dient der Lüftung. An kalten Tagen sieht man Dampf über ihm aufsteigen.

Berühmter noch sind die Biberdämme. Als die Pelztierjäger nach Kanada kamen, fanden sie die Flusstäler aufgestaut und überschwemmt durch Millionen von Biberdämmen, die die Bäche in Ketten von kilometerlangen Teichen verwandelt hatten. Die größten Biberdämme waren viele hundert Meter lang, am Grund bis 6 Meter breit und bis 3 Meter hoch und müssen Jahrhunderte alt gewesen sein.

Rund um den Biberbau lagen Sumpfwiesen, entstanden durch die Holzfällerarbeit der unermüdlichen Tiere.

Biberwerk sind auch Kanäle im Uferbereich, über die die Biber die abgebissenen Äste für ihre Bauwerke transportieren.

Foto: Heinrich Schneck.

Bisamratte Ondatra zibethicus

In Sümpfen, wo hoher Grundwasserspiegel die Anlage unterirdischer Bauten nicht zulässt, trägt der Bisam meter- bis zweimeterhohe Haufen aus Wasserpflanzen zusammen, die sich von Biberburgen durch das Fehlen von verbauten Knüppeln unterscheiden. Hoch unter der Kuppe liegt der mit trockenen Pflanzen ausgepolsterte Kessel, während der Eingang unter dem Hügel und womöglich unter dem Wasserspiegel liegt. In ihrem Wohngebiet bauen die Tiere meist noch kleinere Nebenburgen und über dem Wasser zahlreiche Fressplattformen, die zunächst nur aus wenigen umgeknickten Halmen bestehen, die aber durch herabfallende Nahrungsreste bald tellergroß und größer werden und manchen Wasservögeln als Rastplätze dienen.

Wildkaninchen Oryctogalis cuniculus

Die Wildkaninchen scharren sich mit den Vorderbeinen Erdhöhlen, deren Eingang oft trichterartig erweitert ist, die sich innen aber auf reichlich Faustdicke verengen, so dass die Insassen gerade noch durchschlüpfen können. Mit den Hinterfüßen werfen sie die Erde vor dem Eingang zu Haufen auf. So graben sie in sandigem Boden weitläufige Gänge mit tiefliegenden Kesseln und mehreren Ausgängen. In solchen Bauen leben oft mehrere Familien, jede in ihrem eigenen Kessel. Die Häsin bringt in einer separaten Röhre, die sie warm und weich mit ausgerissener Bauchwolle polstert, ihre Jungen zur Welt. Sie besucht die Jungen einmal am Tag und scharrt danach den Höhleneingang wieder zu.

Wo sich genügend oberirdische Verstecke finden, verzichten die Kaninchen auf das Graben und sogar auf den Bau einer Neströhre. Zuweilen bewohnen sie auch enge Nebenröhren in bewohnten Dachsbauen.

Ein Hund kann riechen, ob ein Kaninchenbau besetzt ist, und er kann das auch durch Scharren anzeigen. Es ist aber trotz vieler Versuche nicht gelungen, einen Jagdhund zu züchten, der klein genug wäre, um den Kaninchen in ihre Baue folgen zu können.

Sommernest der Zwergmaus Micromys minutus

Die Zwergmaus baut im Sommer in 50 bis 100 cm Höhe ein zierliches Kugelnest mit seitlichem Einschlupf. Zwischen Gräsern baut sie zunächst ein Fundament, indem sie Halme anbeißt und durch Hochkriechen mit ihrem Körpergewicht zur Nestmitte umknickt. Dann zieht sie Halme aus der Umgebung zusammen, spaltet sie mit den Zähnen in Faserbündel auf und formt daraus die Nestkugel. Die einzelnen Fasern sind nicht vom Saftstrom abgeschnitten und bleiben auch am fertigen Nest frisch und grün, daher fällt das Nest in der grünen Wiese wenig auf. In das Grundgerüst wird eine Auskleidung aus abgebissenen Fasern eingebaut und schließlich eine warme Innenauskleidung mit viel Pflanzenwolle. Einfache Schlafnester baut die Maus in einer Nacht; das Nest, in dem die Jungen aufgezogen werden, ist viel solider und wärmer gebaut und wird in mehreren Nächten errichtet.

Sommernest der Gelbhalsmaus Apodemus flavicollis

Die meisten Gelbhalsmäuse hausen das ganze Jahr über in unterirdischen Nestern, aber manche beziehen im Sommer hohle Bäume, Vogelnistkästen bis in die Wipfelregion, selten auch verlassene tiefnapfige Vogelnester, etwa von Drosseln, die sie mit einer Kuppel aus welkem Laub überdachen, und ganz ausnahmsweise auch freie Nester im Gebüsch, die, wenn sie wie im Bild aus der Samenwolle der Waldrebe erbaut sind, recht hübsch aussehen. Die Maus verschläft die Tage in ihrem Nest, springt aber bei der geringsten Störung heraus und flieht.

Im Winter wohnt sie unterirdisch in einem warm gepolsterten Nest, von dem mehrere Fluchtgänge ins Freie führen und zu dem meist eine Vorratskammer gehört, die mit Eicheln und anderen Baum- und Feldfrüchten gefüllt ist.

In der kalten Jahreszeit bewohnt die Zwergmaus unterirdische Winternester, in denen sie einen Körnervorrat gespeichert hat. Einige überwintern auch in Feldscheunen, wo es genügend Nahrung für sie gibt.

Feldmausstraßen

Feldmäuse legen über ihren Erdbauten ein gepflegtes Wegenetz an, indem sie alle störende Vegetation wegbeißen. In ungemähten Wiesen verlaufen diese Straßen tunnelartig unter dichtem Altgras und sind von oben nicht zu sehen. Hier können die Mäuse unbeobachtet und ohne verräterische Geräusche ihre Weideplätze aufsuchen. Immer wieder üben sie die Flucht, so dass sie notfalls "blind" in ihre Höhlen stürzen können.
Nur in vom Menschen geschaffenen Kurzrasen sind die Mäusestraßen als Wegenetz zu erkennen.

Feldmausnest Microtus arvalis

Gewöhnlich liegen die Feldmausnester in einem unterirdischen Kessel, manchmal auch unter Steinen oder liegendem Holz und in schneereichen Wintern auch unter der Schneedecke. Das Nest besteht aus trockenen Grashalmen, die nach innen hin immer feiner zerfasert sind, so dass es bestens zum Aufwärmen taugt, wie es die Mäuse vor allem im Winter immer wieder nötig haben. Im Nest werden auch die Jungen aufgezogen, zugleich lebt darin eine spezielle Fauna von Kleininsekten.

Eichhörnchenkobel Sciurus vulgaris

Den Sommer über bauen sich die Eichhörnchen liederliche Schlafnester (Kobel) in starken Astgabeln, im Herbst, noch vor dem Laubfall, errichten sie ihr besonders großes Winternest. Außen besteht es aus abgebissenen Zweigen, an denen das verdorrte Laub noch lange haftet, innen ist es rundum dick mit fein zernagten trockenen Halmen gepolstert. Gegenüber dem Eingang gibt es eine Schwachstelle als Notausgang.
Eichhörnchen halten keinen Winterschlaf, verbringen aber den größten Teil des Tages im Nest, um sich warm zu halten, wobei sie sich mit ihrem buschigen Schwanz zudecken. Sie sind aber immer fluchtbereit und notfalls bissig.
Im Sommer ziehen sie in einem ähnlich fest gebauten Nest ihre Jungen auf.
Der Siebenschläfer baut ebenfalls Sommernester aus abgebissenen belaubten Zweigen, sie sind aber deutlich kleiner und liderlicher gebaut als die Eichhörnchenkobel.

Dachsbau Meles meles

Dachsbaue, vielleicht Jahrhunderte alt und von mehreren Familien und mehreren Generationen bewohnt, können gewaltige Tierbauten sein. Die sich oft verzweigenden Gänge, bis 30 cm weit, so dass ein zierlich gebauter Dackel mühelos einschlüpft, können eine Gesamtlänge von 80 m erreichen, die Eingänge liegen bis 20 m auseinander, die Röhren führen meist bis in 2, selten auch bis in 5 m Tiefe. Vor den Eingängen türmt sich halbmeterhoch der Aushub.
Die Dachse graben auch in steinigem Erdreich mit den kräftigen Krallen ihrer Vorderbeine und schieben den Aushub mit Hinterbeinen und Hinterteil nach draußen. Größere Dachsbaue enthalten mehrere geräumige Kessel, die mit Moos oder Falllaub reichlich ausgelegt sind. Nur wenige der Eingänge sind "befahren", vor ihnen ist der Boden festgetreten, und inwendig sind sie geglättet; die anderen können bei der Flucht benützt werden oder dienen der Lüftung.
Die Dachse verbringen 3/4 ihres Lebens im Bau, den sie in aller Regel nur in tiefer Nacht verlassen.
Zuweilen lebt in sonst ungenutzen Teilen großer Dachbaue der Fuchs, der selber keine Höhlen graben kann.

In der Reihe **Sauers Naturführer** sind bisher erschienen:

Tiere und Pflanzen im Wassertropfen
286 Seiten, 506 Farbfotos, DM 36.-
Nicht nur ein Bestimmungsbuch, sondern auch eine Anleitung zum Mikroskopieren und ein Bildband über die Schönheit im Mikrokosmos.

Die schönsten Spinnen Europas
300 Seiten, 514 Farbfotos, DM 36.-
410 Spinnenarten werden mit diesem Buch nach dem Foto bestimmbar. Ein ausführlicher Text und ein Bestimmungsschlüssel führen ein in die Beschäftigung mit diesen interessanten Tieren.

Meerespflanzen, Meerestiere
352 Seiten, 600 Farbfotos, DM 36.-
Der vollständigste und genaueste Foto-Strandführer und eine Einführung in die Meeresbiologie.

Wasserinsekten
162 Seiten, 262 Farbfotos, DM 28.-
Die häufigsten und schönsten Libellen, Eintagsfliegen, Köcherfliegen, Steinfliegen, Wasserwanzen und Mücken werden nach Farbfotos bestimmbar.

Fliegen und Mücken
194 Seiten, 244 Farbfotos, DM 28.-
In den meist stark vergrößerten Fotos wird die bizarre Schönheit der Zweiflügler sichtbar. Der einzige Naturführer zu dieser wichtigen Insektengruppe.

Bienen, Wespen
128 Seiten, 206 Farbfotos, DM 23.-
Die wichtigsten Arten der Bienen, Wespen und Ameisen werden nun erstmals ohne Fachliteratur bestimmbar.

600 Käfer
353 Seiten, 728 Farbfotos, DM 36.-
Eine Heerschau der größeren und häufigeren Käfer aus Mittel- Süd- und Osteuropa.

Die schönsten Raupen
309 Seiten, 534 Farbfotos, DM 36.-
Dieser Band macht die Raupenbestimmung durch den Vergleich mit dem Farbfoto zwar nicht immer leicht, aber doch leichter.

Tagfalter Europas
144 Seiten, 210 Farbfotos, DM 24.-
In diesem Band werden auch die häufigeren Tagfalter Südeuropas mit Fotos und Verbreitungskarten vorgestellt.

Wildlilien Europas
128 Seiten, 224 Farbfotos, DM 24.-
Der erste Naturführer über Lilien, Narzissen, Schwertlilien und Gladiolen aus Mittel- und Südeuropa.